养老社区环境景观设计

银发时代 · 康养景观 · 经典案例 · 设计指南

深圳文科园林股份有限公司 编著

U0215403

中国林业出版社

序

　　我国一直是世界第一人口大国，新中国成立至20世纪80年代是我国人口增长高峰期，也是我国年轻人口比重较大的时期，直到世纪之交，我国人口比例仍相对合理。但随着计划生育政策的严格执行，新生儿占比逐年降低，老年人口比例逐渐上涨，我国逐步进入老龄化社会。如今，老龄化日益加剧已成为全球人口结构的主要问题之一。世界各国中进入老龄化阶段比较早的发达国家，应对老龄化的政策保障、实施体系、运营实践相对成熟，尤其是在养老社区建设规划方面有很多值得我们借鉴的地方。

　　孝道是中华民族的传统美德。如汉代的察举制就以举"孝廉"为主要考核科目，其中孝顺亲长又作为前提条件，可以一票否决。寻常百姓也非常重视孝道，从古至今流传的诗词、礼节、风俗习惯等，无不体现着社会对老年人的尊重。时至今日，祭祖、守孝等传统习俗仍然深刻影响着人们的生活。因此可以说，发展好老龄事业，做好养老社区的建设运营，为老年人提供充足的物质条件和丰富的精神生活，是我国推进社会主义现代化建设的重要内容。

　　回顾我国老龄化事业的发展历程，从20世纪90年代理论界的广泛探讨开始，到应对老龄化的政策改革、社会保障、实施建设，经过近30年的发展，已经初步建立了具有中国特色的老龄化产业体系。在养老社区建设运营方面，我国起步较晚、发展较慢，大多数是为满足高龄、健康欠佳的老人生活需求的养老院，在居住条件、护理设施、景观环境等各方面都有待提升。再者受传统观念影响，大多数老年人对此类机构比较抗拒，子女也往往不愿背负"不孝"的骂名，因此我国大部分老年人仍选择居家养老。

随着近几年整体生活水平的提高，老年人退休后可选择的养老方式变得丰富了，出现了旅居养老、异地养老、社群养老等新的养老模式，这也促进了康养度假区、养老社区的蓬勃发展。在这个养老产业快速发展的时间点，很高兴看到这样一部研讨养老社区环境景观设计的作品问世。本书立意新颖，体现了作者对当下社会热点问题的人文关注，具有较强的现实意义。

本书深入浅出地分析了当下我国老龄化面临的主要问题，包括养老社区的种类和基本情况、国家政策导向等，同时作者还结合对国内外知名项目的实地走访考察及与运营方的调研交流，总结出现阶段养老社区环境建设方面的成功经验及面临的问题。在书中，作者结合实际项目经验总结出老年友好型社区景观设计的逻辑理念，从环境设计学角度，对养老社区的景观规划设计理论和设计方法进行了系统阐述。

今年是"十四五"规划开局之年，党中央在"十四五"规划纲要中多次提及老龄事业的政策方向，要求规划发展普惠型养老服务和互助性养老，培育养老新业态。在此期盼广大园林景观设计从业者以此为始点，继续为广大人民群众奉献优秀的作品，让中国景观引领世界风潮！

王建跃博士

（深圳市梧桐山风景区管理处主任、二级研究员）

二〇二一年十一月

前　言

进入21世纪以来，随着我国经济的高速发展，人口不断向具有经济与产业优势的大城市群、中心城市快速聚集，高速城镇化成为近二十年来城市发展的主要特征。快速膨胀的城市与高度聚集的人群既相互促进又产生矛盾，城市交通拥堵、居住环境恶劣、生态系统遭到破坏、公共资源紧缺等问题在短时间内突显出来。

在解决城市环境问题方面，景观设计行业扮演着重要角色。从宏观角度的城市生态格局战略规划、城市绿地系统规划，到中观层面的城市生态走廊、绿道、碧道、大型公园、湿地建设，再到微观层面的街路绿地、口袋公园、社区绿地等，形成了观赏、游憩、休闲、健身等老百姓喜闻乐见的城市绿色空间，从根本上解决了城市道路和建筑对城市生态系统的割裂，缝合了城市功能，系统地为人类提供了与生态对话、与自然共生的和谐空间。城市生态环境无疑成为现代城市实力的体现，是城市综合竞争力的重要载体。

随着生活水平不断提高，人们对于美好生活的要求也越来越高，而城市的发展产生了诸如城乡发展不均衡、收入差距拉大、人口结构变化等新的矛盾，环境景观也因为需求的改变从横向拓展到更宽的领域，从纵向深入到更专业更细致的实践中去。景观设计不仅要满足基本的使用功能，还要承载社会交往、康体健身、文娱活动、观赏品鉴等功能，同时还要满足安全舒适、生态绿色、可持续发展等多方面的要求。因此，针对老年人群使用的景观环境建设就成为一个新的领域。

随着我国人口老龄化进程加快，老年人口占总人口的比重不断提升，我国迅速进入老龄化社会，由此也产生一系列的社会问题与机会。随着老年人口基数的增长以及老年群体消费能力不断增强，老年产业也迎来井喷式的发展机会。老年行业里的居住板块是老年生活的重要载体，承担着老年人日常生活的主要内容，老年人对居住环境的要求也越来越高，传统的敬老院、养老机构已不能满足老年人的需求。鉴于此，面向广大老年群体的养老社区在国内快速兴建，其中社区的室外环境营造是其重要组成部分，是承载老年人文娱社交、康复休养、自然疗愈的重要载体，是社区整体品质的直观展现。而源自美国的CCRC（Continuing Care Retirement Community，持续护理型退休社区）养老模式比较成熟完善，具有典型的参考价值与借鉴意义。

由于我国养老产业发展年限较短，养老社区建设体系也相对不成熟，虽然在规划与建筑领域已有一系列标准规范，但目前尚未形成体系化的景观设计规范。本书以国内外已建成或在建的知名CCRC社区的环境设计考察调研、老年人的需求为出发点，对社区环境使用情况进行对比分析，对组团内部的使用功能进行评价，从而对未来养老社区中环境设计的功能定位、空间尺度、设计细节等方面形成实用性指导，以期为老年群体及即将步入老年的人群提供安全、舒适、功能丰富又有情感寄托的心灵港湾，最终形成一套老年友好型社区的景观设计原则。

本书所选用案例或由编委成员通过走访调研、实地踏勘来采集相应的指标、数据，或由编委成员设计完成，结合设计过程和运营使用评价总结出一系列宝贵经验，由于工作量很大，可参照资料又较少，书中难免存在瑕疵与不足，恳请读者批评指正。我们衷心希望，本书的出版可以为我国养老事业发展尽一份绵薄之力，给奋斗在产业一线的决策者、经营者、使用者提供一些建议与帮助，更希望广大同仁可以更进一步，不断做出更优秀的针对老年人的环境景观项目，使我国景观事业在细分领域走得更深更远。

（正高级工程师，文科园林规划设计研究院院长）

二〇二一年十月

Contents

第一章

养老社区环境景观发展机遇

第一节　国内老龄化现状及发展趋势

一、老年人与老龄化社会

《中华人民共和国老年人权益保障法》第二条规定，老年人是指60周岁以上的公民。国际上发达国家的老年人年龄起点标准一般为65岁。为了便于比较，一种较流行的建议是将60岁作为老年人口的年龄起点。

联合国教科文组织规定，一个国家或一个地区60岁以上的人口占该国家或地区人口总数的10%及以上，或65岁以上的人口占该国家或地区人口总数的7%及以上，那么，该国家或地区就进入了老龄化社会。

二、国内老龄化的基本情况与特点

1.国内老龄化基本情况

2000年以后，由于经济的快速发展、人民生活水平的不断提高、计划生育政策和人们生育观念改变等原因，国内人口的生育率逐步下降，人口老龄化形势日益严峻。国家统计局发布的数据显示，2010—2019年间，国内老年人口和老年抚养比均呈逐年上升趋势，同时从2016年开始国内人口自然增长率急速下降。

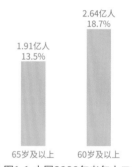

▲图1-1 中国2020年老年人口占比

据第七次全国人口普查公报，截至2020年11月1日，国内60岁及以上老年人口达2.64亿人，占总人口的18.7%；65岁及以上人口为1.91亿人，占总人口的13.5%（图1-1）。除西藏外，国内其他30个省份65岁及以上老年人口比重均超过7%，有12个省份超过14%。其中，辽宁65岁及以上老年人口占比17.42%，居全国首位；重庆以17.08%居第二位；四川以16.93%位列第三。

2.中国人口老龄化特点

①国内老年人绝对数量大，发展态势迅猛。根据第七次全国人口普查公报，2010—2020年，国内60岁及以上人口所占比重上升了5.44个百分点，65岁及以上人口上升了4.63个百分点，与上个十年相比，上升幅度分别提高了2.51和2.72个百分点，老龄化进程明显加快。巨大的人口基数、人均寿命的延长和出生率下降带来的人口老化，让中国进入了老龄化社会。

②地区间发展不均衡。老龄化的发展同国家经济和社会发展一样，存在地区差异，不同地区的老龄化差别较大，基本上是由东向西呈梯次型的发展状况，东部沿海地区的发展明显快于西部欠发达地区。

③老龄化城乡倒置。一方面，20世纪70年代，受"少生优生，晚婚晚育"计划生育政策的影响，城镇生育率较农村生育率低；另一方面，由于农村大量年轻劳动力到一二线城市发展，农村留下大量空巢老人和独居老人，导致农村老龄化问题越来越严重。这两个方面导致人口老龄化地区间发展不平衡，出现城乡倒置现象，这种倒置的状况将一直持续到2040年。到2040年，城镇老龄化将赶上农村老龄化，而且超过农村老龄化，并且逐步拉开距离。

④老龄化发展迅速。《中国老龄化的现状与积极应对》预测显示，2000—2050年，全球人口老龄化水平将从10%提升到22%，上升12个百分点；同期，中国人口老龄化水平将从10%提升到34%，上升24个百分点。从65岁及以上老年人口比重由7%增加到14%的时间看，法国用了115年，美国、英国用了40多年，而中国只用了23年。

⑤女性老年人口数量多于男性。新中国成立前，我国人均预期寿命仅35岁；新中国成立后，人均预期寿命逐年增长，到2018年已上升至77岁。目前，老年人口中女性比男性多出464万人，预计2049年将达到峰值，多出2645万人。

⑥老龄化要超前于现代化。发达国家是在基本实现现代化的条件下进入老龄社会的，属于先富后老或富老同步，而中国则是在尚未实现现代化、经济尚不发达的情况下提前进入老龄社会，属于未富先老。中国人均GDP刚刚超过10000美元，仍属于中等偏低收入水平的国家，我们应对老龄化的经济实力还比较薄弱。

三、中国老龄化发展趋势

从世界范围看，中国属于较晚进入人口老龄化社会的国家，但从2000年步入老龄化社会以后，老龄化发展速度逐渐加快。

①人口老龄化将伴随21世纪始终。中国自2000年进入老龄化社会开始，老年人口数量不断增加，老龄化程度持续加深。预计2053—2100年国内人口将持续处于重度老龄化阶段，老年人口增长期结束，由4.87亿人减少到3.83亿人。

②2030—2050年将是中国人口老龄化最严峻的时期。一方面，这一阶段，老年人口数量和老龄化水平都将迅速增长到前所未有的程度，并迎来老年人口规模的高峰。另一方面，

2030年以后，人口总抚养比将随着老年抚养比的迅速提高而大幅攀升，并最终超过50%，有利于发展经济的低抚养比的"人口黄金时期"将于2033年结束。总的来看，2030—2050年，中国人口总抚养比和老年人口抚养比将分别保持在60%~70%和40%~50%，是人口老龄化形势最严峻的时期。

③重度人口老龄化和高龄化将日益突出。经过50年左右的快速增长，到21世纪下半叶，中国老年人口规模、老龄化程度以及高龄化程度都将在较高水平上保持基本稳定，老年人口总量虽有所下降，但将仍然保持在3亿人以上，老龄化程度为31%左右，80岁及以上高龄老年人口规模将保持在8000万~9000万人，高龄化水平为25%~30%，重度老龄化和高龄化问题将显得越来越突出。

④中国将面临人口老龄化和人口总量过多的双重压力。人口基数大是中国的基本国情，由于坚持计划生育的基本国策，中国总人口增长势头得到了有效控制，但目前人口总规模仍然高达14亿人，预计到2030年将达到最大人口规模14.5亿人，总人口过多的压力将长期存在。与此同时，中国已经进入老龄化社会，这是一个新的重要国情。人口老龄化压力已经开始显现，并将随着老龄化的发展而不断加重。整个21世纪，这两方面压力将始终交织在一起，给中国经济、社会发展带来严峻挑战。

第二节　国内养老产业的发展趋势

一、养老产业发展情况

从中国养老产业发展的阶段来看，可以划分为2013年养老发展元年、2014年政策密集出台年、2015年消化吸收落实年以及2016年养老产业全面开放年（图1-2）。从养老模式上来看，主要分为三种：居家养老、社区养老及机构养老，其中居家养老占比最高。

养老发展元年	政策密集出台年	消化吸收落实年	养老产业全面开放年
2013年	**2014年**	**2015年**	**2016年**

▲图1-2 养老产业发展阶段

2009—2015年，国内养老服务机构数量整体呈波动变化，社会服务机构床位以及养老机构床位稳步上升，每千名老人养老床位数整体呈上升趋势。2015年，国内有养老服务机构和设施11.6万个，社会服务床位676.3万张，其中养老床位669.8万张，每千名老年人拥有养老床位30.3张。

到2020年底，全国共有养老机构3.8万个，同比增长10.4%，比2015年底增长37.2%；各类机构和社区养老床位823.8万张，同比增长7.3%，比2015年底增长22.5%。

二、养老产业模式解读

从养老职能承担者的角度划分，可以分为以家庭为主的居家养老、以社会机构为主要承担者的机构养老和居住在家中由社区部分承担养老职能的社区养老（图1-3）。

随着人们物质生活水平的不断提高和养老市场化进程的推进，很多新的养老模式不断涌现出来。养老方式不再局限于提供简单的生活条件，而需要采用不同的方法来满足有较高精神文化追求的老人们的需求。

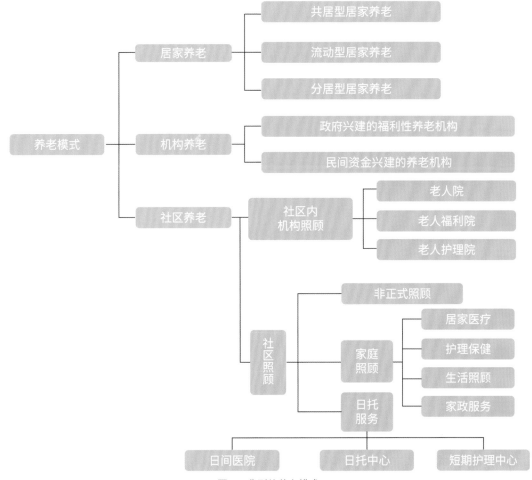

▲图1-3 典型的养老模式

比如：乡村度假公寓式的"度假养老"，一次性付款，淡季自住，旺季出租，既能享受每年6%的房产投资回报，自己也能短期度假；还有一些地方组织将农民住宅改造成乡村休闲养老场所，一次性出售30年的使用权，同时通过站点之间的交换，让老年人有了更多选择。

老年公寓也是一种新的养老方式。它是由社会投资建设、采用企业化管理的老年人专用住房，老年人可以根据自己的经济状况和健康状况选择住房和服务档次。

此外，还出现了互动式异地养老的方式，可以在全国甚至全球养老机构之间相互联动对接，实现开放式养老。

三、养老产业发展趋势

1.医养结合，打造中国养老新模式

当前，中国的养老行业面临着很多问题，其中最为棘手的是医疗问题，有些地方甚至出现老年人为满足医疗需求而在医院"压床养老"的现象。"医养结合"是指将现代医疗服务技术与养老保障模式相结合，形成"健康管理—急性医疗—康复护理"的生态链，可以满足高龄、失能和患有慢性疾病的老年人对日常生活、医疗护理等服务的需求。

2.强调社区和居家养老

受传统文化影响，中国的老年人普遍偏爱居家养老，而机构养老的主要对象是失能老人、高龄老人。随着人口的快速老龄化，未来机构养老只能解决3%的养老问题，其余的则需要通过居家养老（90%）和社区养老（7%）来解决。

由于宜居养老社区的缺口巨大，一些地产企业在2013年以后率先进入养老行业，如万科、保利等知名企业已经布局养老地产。目前，国内养老地产主要分布在环渤海、长三角、珠三角等沿海发达地区和环境优越地区。

3.智慧养老是大趋势

随着互联网产业的不断升级，传统的养老产业与物联网、云计算、大数据、智能硬件等新一代信息技术产品相结合，形成了智慧健康的养老模式，实现养老资源的优化配置，为老年人提供更具针对性和个性化的产品和服务。在智慧养老领域中比较有代表性的企业有麦麦养老、安康通、雅达养老等。

4.从物质需求到精神需求的转变

随着社会经济的快速发展，现代老年人不再满足于最基本的物质需求，而开始追求更高水平的精神生活。对于生活能自理且经济实力较好的老年人而言，旅居养老也是一个不错的选择。

四、国家"十四五"规划对养老社区发展的政策指引

《中共中央关于制定国民经济和社会发展第十四个五年规划和二〇三五年远景目标的建议》指出，要实施积极应对人口老龄化国家战略，推动实现适度生育水平，逐步延迟法定退休年龄；健全多层次社会保障体系，基本养老保险参保率提高到95%。具体包括：积极开发老龄人力资源，发展银发经济，推动养老事业和养老产业协同发展，健全基本养老服务体系，发展普惠型养老服务和互助性养老，支持家庭承担养老功能，培育养老新业态，构建居家社区机构相协调、医养康养相结合的养老服务体系，健全养老服务综合监管制度。养老事业是国家层面的战略，涉及养老问题的整体解决。养老产业是围绕国家战略的养老产业链各行业的发展，本书的内容是关于养老产业中养老社区环境质量的专题研究。

"十四五"规划要求全面提升养老服务水平，为积极应对人口老龄化国家战略提供支撑。大力发展居家社区养老服务，让所有老年人能够享有"身边、床边、周边"的居家社区养老服务，提高服务的可及性、多样化水平。优化机构养老，优先发展护理型床位，加强医养康养相结合，尽可能满足老年人最迫切的失能照护刚需。大力发展"养老+"新业态，推进养老事业产业协同发展，满足不同层级的养老服务需求，加强养老服务监管，保障养老服务质量。

国家发改委、民政部、国家卫健委《关于建立积极应对人口老龄化重点联系城市机制的通知》指出，争取到2022年在全国发展一批创新活跃、经济社会发展与人口老龄化进程相适应的地区，培育一批带动性强、经济社会效益俱佳的健康养老产业集群，形成一批特色鲜明、行之有效的创新模式和典型经验，探索一批普遍适用、务实管用的应对人口老龄化政策举措。

五、国外应对老龄化的政策措施

1.鼓励生育，应对少子化，促进女性投入劳动力市场，保证劳动力持续供应

老龄化和少子化在老龄化社会中同时存在，两者密切相关并影响着劳动力的供应，因此解决少子化问题是应对老龄化的重要途径。在较早进入老龄化的国家，通常从两个方面解决少子化和劳动力短缺的问题：一是政府为因生育暂时离开工作岗位的女性提供育儿津贴、带

薪假期以及医疗、营养和物质补助等，激发妇女的生育意愿；二是政府加大对公共福利在儿童教育、看护和医疗等方面的投入，推行"父亲月"，同时缩短低龄儿童父母的工作时间，并实施父母双保险（即企业让父母双方带薪休假以照料孩子，并确保因生育暂时离职的女性可以重返职场），以减轻家庭照料儿童的压力，使父母双方可以兼顾育儿和工作（表1-1）。

▼表1-1 国外主要老龄化国家应对少子化和劳动力短缺的主要对策

问题	主要对策	目的
少子化	1.育儿津贴：国家制定相关政策保障女职工因生育离开工作岗位期间享受有关待遇，包括现金补贴、儿童营养补助和特殊的医疗服务等 2.带薪假期：企业内部为因生育暂时离开岗位的女性职工提供的一种福利，包括带薪安胎假、带薪育儿假和临时津贴	保障和鼓励生育
劳动力短缺	1.加大社会福利支出在儿童教育、看护和医疗等方面的投入 2.推行并延长"父亲月"，缩短低龄儿童父母的工时 3.为父母双方提供照顾幼儿的带薪假期，保证女性能回原工作岗位或得到类似工作	缓解看护幼儿的家庭压力，保证父母双方兼顾工作和育儿双重责任，保证因生育而暂时离职的女性职工能重回劳动力市场

2.延长退休年龄，保证老年劳动力来源，缓解政府养老金支付压力

国外主要老龄化国家普遍采用延长退休年龄的方法来改革退休制度。通常有两种延长退休年龄的方法：一种是提高领取养老金的最低年龄，推迟领取养老金的年龄，并相应延长工作年限；另一种是建立灵活的退休年龄制度，即为不同退休年龄的老人提供不同数额的养老金，退休年龄越大，拿到的退休金越多。

日本、德国和法国主要采用第一种方法改革退休制度。自2013年以来，日本政府已将最低养老金年龄从60岁逐步提高至65岁；法国在2011—2018年将最低退休年龄从60岁逐步提高到62岁；德国政府计划在2012—2030年间将退休年龄从65岁逐步提高到67岁。

瑞典和美国主要采用弹性退休年龄制度进行改革。瑞典的法定退休年龄为65岁，对于60~64岁提前退休的员工，每提前一年退休减发退休金的5%；对于65~70岁延迟退休的人员，每延迟1个月退休增发退休金的0.6%。对于有经验并有能力继续工作的老年人，政府可以提供志愿服务的机会，并根据他们提供的服务增发一定比例的退休金（表1-2）。

▼表1-2 国外主要老龄化国家的退休年龄制度

退休年龄制度	国家	主要内容
提高领取养老金的最低年龄	日本	目前法定退休年龄为60岁。2013—2025年将领取养老金的年龄逐步提高到65岁；女性比男性推迟5年，到2030年完成过渡
	法国	2011—2018年将最低退休年龄由60岁逐步上调到62岁；领取养老保险金工作年限从2012年的41年上调到2020年的41.5年。未来十年大部分法国人将至少工作41年才能退休
	德国	1956年进行养老金改革，把退休年龄定为65岁；2012—2030年逐步将退休年龄提高到67岁
弹性退休年龄制度	瑞典	法定退休年龄为65岁。60~64岁提前退休的职工，每提前一年退休减发退休金的5%；65~70岁推迟退休的职工，每延迟退休1个月增发退休金的0.6%
	美国	法定退休年龄为66岁，据此确定的弹性退休年龄为62~70岁。年满62周岁的职工，每提前1个月退休，养老金扣除0.5%；达到正常退休年龄后，每推迟1年，退休金增加7%，直到退休或年满70周岁

3.完善社会服务支撑体系，推行"以居家式社区养老为主，社会养老为辅"的养老模式

受老年人口增加、女性就业率提高以及年轻劳动力迁移等影响，空巢老人的数量正在不断增加，传统的居家养老已难以满足老年人各方面的需求，而由于受老年人经济状况和传统养老观念的影响，机构养老在现实中难以被老年人接受。

目前，国外老龄化国家的养老模式主要以居家式社区养老服务模式为主，社会养老为辅。居家式社区养老以家庭为基础、社区为依托、机构为支撑，居家养老在其中发挥基础作用，在个人和家庭无能为力的情况下，再引入社会化服务。政府负责制定相关激励政策，引入市场机制，实现项目建设及服务活动的社会化和产业化运营，并协调参与建设和提供服务各主体的利益关系；社区负责培养上门服务人员，并不断扩大服务范围，为老年人上门提供帮助。

养老服务所需的资金来源因国家而异。如：瑞典的养老服务费用主要由政府承担，但如果老年人想获得更好的服务，则需要支付一定比例的费用，属于"国家负担型"。而美国的

养老服务资金主要由个人承担，属于"个人负担型"，这也使美国的"以房养老"模式在世界上最具代表性（表1-3）。

▼表1-3 国外主要老龄化国家推行居家式社区养老的主要措施

国家	主要措施
瑞典	1.建立政府服务体系：养老院由政府主办；地方政府聘用有爱心和能力的人组成社区组织；社区则雇佣走家串户的家庭服务员，定时上门为散居的老年人提供帮助 2.服务内容包括住房维修、日常照料、医疗保健、精神慰藉等 3.服务费用主要由政府支付
日本	1.推行"黄金计划"，大规模扩充在宅服务人员、老人保健机构、日间照护中心以及养护所等机构 2.采用分级护理制度，优先满足需要特殊照顾和服务的老年人的需求
美国	1.养老机构派出护理人员到老年人家中帮助完成日常事务 2.建立康复中心或者上门提供医疗服务，为患慢性疾病的老年人提供治疗和关怀服务 3."以房养老"：最常见的模式为"住房反向抵押贷款"，即"倒按揭"

第三节　国内养老社区发展现状

一、养老社区的概念

目前，学界和业界有许多关于养老社区的定义。国家发改委投资研究所刘立峰认为，养老社区是在一个较大的地域范围内，以成套老年住宅为主，拥有适合老年人需要的公共服务设施，以及较为完整的社会服务体系，能为老年人提供生活照料和精神文化享受的康居社区。国家小城镇社会保障研究中心纪晓岚认为，养老社区是适合老年人居住的具有养老功能的生活社区，包含老年群体、适合老人心理和生理特征的住宅与公共设施以及专业的养老服务体系三个基本要素。

综合各方观点，养老社区是指以满足老年人生理和心理需求为导向，配置了适合老年人的各种服务体系以及公共服务设施，为老年人提供日常看护、生活照料、健康管理、康复治疗、休闲娱乐等服务的老年人生活社区。养老社区应当保障老年人的日常生活照料，同时兼顾老年人对生活品质与精神生活的需求。

本书重点研究较高端社区的景观环境，通过社区内先进的规划思想、完善的功能布局、高质量的生活配套以及使用人群的使用评价进行分析、研究、总结，形成一整套相对完善的养老社区环境设计体系，用以提高老年友好型社区整体的环境建设质量。

二、养老社区的分类

国内的养老社区发展方兴未艾，多层次养老社区的产品结构已初步形成。按照居住时间，可分为常住型养老社区与候鸟型养老社区。按照功能类型，可分为普通住宅型社区、新建综合型社区、养老福利院、持续护理型退休社区（CCRC）和度假养老基地。其中，度假养老基地属于候鸟型养老社区。

1.普通住宅型社区

普通住宅型社区是指房地产公司对现有的居住区进行投资改造，升级基础设施，为老年人提供餐饮、家政、医疗等适老性服务，使社区适应老龄化发展趋势。

2.新建综合型社区

新建综合型社区是指让老年人与年轻人混合居住的新建"适老性地产"。这类社区一般建设在城市周边，配套建有多样化公共服务场所，如老年活动中心、康复疗养中心、医疗中心等，比较注重社区环境的打造。新建综合型社区能让老年人与子女有更多机会相互陪伴与照顾，同时可避免双方因生活方式不同而起冲突。

3.养老福利院

养老福利院一般为高龄、失能、半失能、失智老人提供服务。由于这类老年人对护理的需求较高，因此养老福利院均配备有专业的护理设施，且一般建于城市中，以便更好利用城市的医疗资源。

4.持续护理型退休社区（CCRC）

持续护理型退休社区（CCRC）起源于美国，是一种由运营商主导的复合式现代养老社区。它具有精细化管理服务理念，可为不同年龄阶段的老年人提供自理、护理以及医疗一体化的居住设施与服务，同时开展各类适老性活动，可让老人发挥余热、实现自我价值。

5.度假养老基地

度假养老基地多位于气候宜人、环境优美、生活便利的旅游胜地，它将养老与旅游度假相结合，整合了养老、养生、保健、定期康复等设施和服务，主要面向健康、活跃的老年群体，以满足老年人对优质养老生活的追求。

三、国内养老社区的发展现状

人口老龄化不仅给我们带来了挑战，同时也带来了发展机遇。进入21世纪，尤其是2005年以来，国内掀起了一股养老社区建设浪潮，吸引了各行各业人士的关注，一些保险公司、投资公司、房地产开发商等相关服务行业纷纷投入到养老社区的开发和建设中来。北京、天津、上海、重庆、河北、浙江、四川等地纷纷建立了规模不等的养老社区，但主要还是集中在北京、上海等特大城市。

1.入住对象

中国养老社区的入住群体有两种：一是入住的全部为老年人群体，如上海亲和源；二是允许各年龄层次人群居住，老年人口占一定比例并配置适老化住宅，如天津卓达太阳城。由于中国养老社区发展时间较短，仍处于探索期，而全龄化养老社区在服务和管理上有更高的要求，因此，现阶段中国大部分养老社区只允许老年人居住。而在国外，全龄化老年社区比较受欢迎。

2.开发模式

中国养老社区的开发模式有两种：一种是选址在城郊或城乡接合部，建立规模较大的养老社区。这种养老社区往往环境优美，规模和投资较大，可以快速形成比较成熟的大型社区。中国养老社区普遍采用这种模式进行开发和建设，如北京的泰康之家·燕园、上海市闵行区的新东苑快乐家园。另一种则为依托成熟社区，嵌入式地插建或改建的小型养老社区，如万科社区内嵌入式的养老服务中心"智汇坊"。这种养老社区利用周边社区资源，可以减少建设成本，而且运营比较灵活，相对容易管理。由于受原来城市规划的限制，这种模式的养老社区较少。

3.运营模式

从运营模式来分，中国养老社区分为销售型养老社区、持有型养老社区和混合型养老社区。销售型养老社区即开发商将老年住宅产权进行出售，这种模式具有资金回笼较快的特点，如北京东方太阳城。持有型养老社区往往采用会员制和租赁制的模式，入住时收取一定的会员费或押金，按月或按年再收取服务费，如上海亲和源、杭州金色年华退休生活中心。这种模式虽然资金回笼慢，但有利于对社区的后续服务与管理。混合型养老社区是指将销售住宅和租赁公寓相结合的运作模式，如北京太阳城。

总的来说，相较传统养老机构，国内养老社区设施相对齐全，服务内容较为丰富，服务水平和质量较高，为老年人健康独立的生活提供了较好的养老环境，其优质的管理和服务水平为传统养老机构带来了示范效应，为推动老龄产业的发展发挥了重要作用。

第四节　持续护理型退休社区（CCRC）模式解读

一、持续护理型退休社区（CCRC）的概念

CCRC的英文全称是Continuing Care Retirement Community，意为持续照料退休社区。它是一种复合型的老年社区，可以为老年人提供自理、介护、介助一体化的居住设施和服务。当老年人在健康状况和自理能力发生变化时，依然能够在熟悉的环境中继续居住，并获得对应的照料服务。CCRC的核心是集娱乐、养生休闲中心式服务、生活护理和医疗护理为一体，提供从最初的退休享乐到最后的临终关怀一站式的终生退休养老服务，基本满足了老年人对健康管理、护理和医疗等的养老诉求。CCRC社区面向的服务人群包括自理老人、介助老人、介护老人。

二、CCRC社区的主要服务人群

①自理型老人：生活完全自理，不依赖他人和辅助设施帮助的老年人。居住者在社区中，有独立的住所并且生活能够自理。

②介助型老人：由于身体机能衰退与体能减弱，生活行为需依赖体外扶助设施（如安全扶手、拐杖、轮椅、升降设备或缓坡梯段等）帮助的老年人。当居住者的日常生活需要他人帮助照料时，他们将从自理转入介助型护理。

③介护型老人：由于身体机能退化或智障，丧失生活自理能力，生活行为需要完全依赖他人护理的老年人。当居住者生活完全不能自理，需要他人的照料时，他们将转入介护型护理，得到社区提供的24小时有专业护士照料的监护服务。

三、CCRC社区必须具备的要素

①自然环境要素：优秀的景观资源和良好的环境品质。

②养生配套要素：完善的服务配套和康体医疗设施。

③多彩生活要素：家庭聚会服务和丰富的活动项目。

CCRC社区彻底颠覆了传统养老院模式，创造了体现人文关怀的老年生活方式。

四、CCRC社区模式的特征

①CCRC模式将老年群体按照生活自理程度分为三类,并根据他们的特征在医疗、商业等方面配备了相应的服务设施,可以满足老人的物质和精神生活需求。三类老人的配比一般为12:2:1。

②CCRC社区选址地点集中且自然环境优良、生活安全便捷。CCRC社区一般位于郊区,大都具有良好的自然环境、生态环境和空气质量,拥有独特的天然景色和大量的自然景观。建筑以多层为主,规划布局紧凑,方便为老年人提供及时的护理和照料服务,使老人在都市中享世外桃源般的生活,达到延年益寿、活力康健的目的。

③相关配套设施完备。CCRC社区中建有社区医院、养生餐饮中心、室内外娱乐设施、老年人商业街等,集娱乐、休闲、养生为一体。

④注重适老化设计。考虑到老年人的生理机能退化,无障碍设计是必不可少的。从室内的轮椅坡道、医用电梯、无处不在的扶手和无障碍通道等,到室外的出入户坡道、风雨连廊、道路的设计等,适老化设计具有普通住宅达不到的便利性和安全性。

五、CCRC社区的四大主要功能分区

CCRC社区根据老年人的自理水平将居住区域划分为不同的业态。当老年人的照料需求发生变化时,他们可以搬到相应的居住区,而不必搬出社区。不同CCRC社区的规模和提供的服务有所不同,居住区的划分也不尽相同。以下是目前比较成熟的划分方法。

①独立生活区(ILU)。所有的CCRC社区都有ILU。ILU可以是独栋房屋、多栋连建住宅、双层或三层公寓、大楼公寓等。

②辅助生活区(AL)。AL通常是大楼公寓或套房,并配备厨房等设施。入住老人多数具有一定的生活自理能力,但在日常活动中仍需要协助,介助程度介于独立生活与专业护理之间。在这里,老人可以享受保健、餐饮、家政、交通、就医协助、个人协助、日常生活活动能力(ADL)协助、紧急救援及喂食、药品管理和沐浴等服务,并被鼓励参加集体就餐和社交娱乐活动。

③长期护理区。大部分CCRC社区提供专业护理服务,在社区或附近可及范围内提供短期疾病恢复、慢性病治疗或者更高层次的监护服务,同时提供康复服务,帮助老人尽可能达到独立的生活状态。居住设施内多设有浴室,可单人使用或与他人合用。

④认知症照顾区。越来越多的CCRC社区提供专门的认知症照顾服务(也称为失智照顾特别项目),对应地也会设置认知症护理的特殊照料区(有时与介助、介护合并或者不设置)。这是

一项成熟并富有挑战性的养老项目，旨在在安全的环境中尽可能优化老人的身体机能和生活质量，最大限度保持他们的尊严和自我存在感。

第五节　养老社区景观环境设计的机遇与展望

一、老年环境友好型社区标准下的社区环境建设

从2013年养老发展元年，到2016年养老产业全面开放，再到2020年第七次全国人口普查结果出炉，如今中国60岁以上人口占比达18.7%，数量约2.64亿人，目前国内养老产业相关行业市场有巨大缺口，未来发展潜力巨大。可以预见，养老社区将成为未来老年人群居住的重要载体。随着老龄人口逐年增多，将有更多的老人选择在养老社区居住，老年人的社区生活模式将会越来越成熟，社区的环境建设也会快速发展，不断产生新的产品。而随着不同年龄人群的入驻，景观环境定会快速地更新迭代，并在符合各类设计标准的前提下，不断涌现出具有完善标准的景观产品。全面推进老年友好型社区环境的建设，营造适老化居家养老环境，缓解老年人因生理机能与心理变化导致的生活不适应，让老年人居家养老更安全、更舒适、更优质，是养老产业景观环境设计未来发展的重要机会。

二、存量居住区依照新的标准改造

根据"9073"模式，将来会有90%的老年人居家养老，7%社区养老，3%机构养老。目前，国内的存量居住区设计标准并未考虑老年人的使用需求，随着老龄化的到来，建设老年友好型社区已经到了刻不容缓的地步。居住区未来将按照新的要求、新的理念、新的标准去更新与改造，为存量居住区的老年人实现居家养老进行适老性改造，对于养老社区景观设计既是机会也是挑战。

三、人居环境朝全龄友好型标准迈进与革新

养老产业、养老社区、养老景观虽然主要针对老年人群提供服务，但它不是孤立存在的，具有很强的社会属性。未来的养老社区景观环境会与全龄需求融合，成为全龄友好型社区，乃至全龄友好型人居环境。无论是从市场角度出发还是从老人实际养老需求出发，养老社区景观环境作为养老产业的一部分将会细分市场，产品类型也会向多元化发展，这就需要我们把握全局，考虑全年龄段的居家养老社区需求，逐步改革，朝着建设全年龄段友好社区的目标迈进。

第二章

国内外先进养老社区景观分析

近年来，我国提出了"9073"养老模式，即90%的老人居家养老、7%的老人社区养老、3%的老人机构养老。本书虽然是分析研究社区养老方式，但目的是通过研究较高端养老社区的景观环境特点与设计原则，总结出规律与标准，并将之应用于大众普惠的老年友好社区之中。我们着重选择了国内外具有较高知名度，且在社区规模、品牌、服务水平与质量、环境品质上均达到中高端水平的养老社区进行分析，在进行充分、深入的考察调研基础上，全面总结国内外先进的养老社区景观设计理念和适合老年人生活的景观设计手法，借鉴其景观设计的成功经验。

第一节 美国太阳城景观分析

一、项目概况

美国太阳城（Sun City）属于典型的CCRC社区，是养老社区中最成功的优秀代表之一，是美国退休社区的经典范例。它位于美国佛罗里达西海岸亚利桑那州马里科帕郡（Maricopa Arizona），处于凤凰城—梅萨—斯科茨代尔区域（Phoenix-Mesa-Scottsdale），离凤凰城中心25min车程。

太阳城在选址、建筑和规划设计上都很成功，它将社区和大型养老机构相结合，成功塑造了一个大型养老社区，极具规模聚集效应。它一方面考虑到了老人离开熟悉环境的适应问

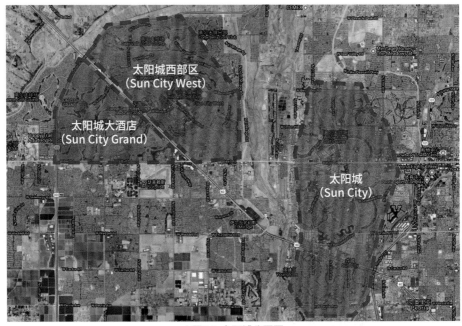

▲图2-1 太阳城分区图

题和恋家情绪，在社区内设置了多种可选择的住宅类型，包括独立生活区、介助生活区、介护生活区、特殊照顾区和生活疗养区，使老年人在身体状况发生变化时，不需要离开熟悉的环境即可入住到适合自己需求的生活区，无后顾之忧。另一方面，它还满足了不同经济群体多方位的不同需求。多样化的专业服务，不仅极大地丰富了老人的养老生活，使他们在各类组织、俱乐部、活动中心中发展自己的爱好，建立良好的邻里互动，而且为老年人建立精神寄托提供了必要的交流场所。

▲图2-2 入口处交通环岛

二、景观空间规划特点

太阳城的规划设计追求环境优美、安全便捷。其公共空间的设计充分照顾老年人喜欢安静环境但又渴望交流的需求，采用了外紧内松的建筑围合模式，将居住区与其他功能区适度分离，同时在内部采用多种方式增加邻里间的交流与互动。

太阳城是一个非常大的老人之城，分为三个部分，每个部分又分为若干组团，每个组团都包含医院、社区中心、各类配套设施等。组团之间由大片的高尔夫球场分割，高尔夫球场构成了完整连片的绿地系统（图2-1）。其特点如下：

▲图2-3 休闲泳池

1.内外部交通便捷顺畅

太阳城是典型的美国城镇，以车行交通为主，因此停车设施、换乘设施非常完善，无障碍交通系统完整（图2-2）。

2.功能完善

每个居住组团都配备了泳池、各类健身运动场地、休息空间、交流空间及其他游乐设施（图2-3、图2-4）。

▲图2-4 交流空间

3.景观文化凸显度假休闲属性

景观空间相对分散、精致，大部分布置在会所、服务中心等公共建筑周边，方便使用（图2-5）。

▲图2-5 休闲公共建筑

▲图2-6 高尔夫球车换乘停车场

▲图2-7 园区内道路

▲图2-8 自行车停放点

三、特色景观空间解析

1.道路交通组织

太阳城的道路设计采用了人车分流的形式，使车行道和人行道形成各自独立又相互联系的两个道路系统。在设计上，将车行道设置在住区外围，人行系统设置在内部，形成环形的道路布局，减少了机动车对居住环境的干扰。同时，社区内强调为老年人提供导向性强的规划路线，方位感设计强，交通导向安全，道路可达性高。

服务中心、会所等公共场所周边均配有高尔夫球车换乘停车场，方便老人使用（图2-6）。

车行道路串联整个区域，道路以慢行交通为主，组团内的道路宽度为7~9m，尺度宜人（图2-7）。

采用人车分流的方式，在公共建筑、重要节点均设有自行车停靠点（图2-8）。

整体绿化风格简约、疏朗，由于地处干旱的沙漠地区，采用滴灌方式灌溉（图2-9）。

▲图2-9 简洁疏朗的绿化

2.适老化系统

①照明灯具采用遮光罩，防止眩光（图2-10）。

②标识醒目美观，悬挂高度适中（图2-11）。

③提示性与警示性标识和景观紧密结合，充满亲切感（图2-12、图2-13）。

▲图2-10 照明灯具采用遮光罩

▲图2-11 园区指示牌

▲图2-12 提示性与警示性标识牌

▲图2-13 提示性标识牌

3.景观场景

太阳城景观主要有三类景观场景：健身康体类、观赏类和休闲类。

（1）健身康体类

① 泳池、水疗区。每个居住组团都配备有泳池、水疗复健按摩池等水设备（图2-14、图2-15）。

② 充满竞技性的网球场。将地形与条石巧妙结合，构成看台（图2-16、图2-17）。

③ 配有草地保龄球场地（图2-18、图2-19）。

▲图2-14 完善的配套水设备

▲图2-15 水疗设施

▲图2-16 简洁的条石看台

▲图2-17 网球场

▲图2-18 草地保龄球场周围景观

▲图2-19 草地保龄球场

④ 室外地滚球场地与门球场。场地周边充分考虑老人休息、观看比赛的需求，设置了多个休息遮阴空间（图2-20、图2-21）。

⑤ 结合水系设置的小型健身场地（图2-22）。

（2）观赏类

景观观赏场景多处于道路交汇处与转弯处、休息场地对景、建筑主要出入口等空间（图2-23~图2-26）。

（3）休闲类

休闲类景观场景主要布置于建筑周边，作为建筑的延展功能，满足老人纳凉、交谈、游戏等需求（图2-27~图2-29）。

▲图2-20 室外地滚球场地与门球场

▲图2-21 休憩遮阴空间

▲图2-22 借景高尔夫球场

▲图2-24 环境优美的小型健身场地

▲图2-23 道路转弯处利用植物组团形成对景

▲图2-25 道路交叉口的景观空间

▲图2-26 视线焦点处的水系

▲图2-27 用软质的顶进行装饰，既遮阴又美观

▲图2-28 建筑天井围合的棋牌空间，
与建筑贯通，方便使用

▲图2-29 高大乔木与粒石组成的交流空间，
可供老人纳凉、交谈

第二节 美国贡达西区喷泉景观养老社区景观分析

一、项目概况

贡达西区喷泉景观养老社区（Fountainview at Gonda Westside）是位于美国洛杉矶的酒店式养老社区，入住者可以是自助或失智老人。该社区有175个独立的住宅、24个辅助生活和记忆护理公寓以及一层地下停车场，拥有218个停车位。

在社区内生活需缴纳100万美元，老人离开后退还90万美元，每月生活费为4500美元。每个房间面积以100m²为主。社区餐厅配备了2个中央厨房，不仅能满足社区内的老人需求，还可以为区域内的其他机构进行配送。

二、景观空间规划特点

该社区除了其本身的建筑功能之外，最大的特色是将街角绿地、公园、公寓融为一体，辐射周边住宅，形成与片区功能融合匹配的养老社区（图2-30）。

社区自身也包含庭院和露台，设有咖啡厅、酒吧和户外用餐区；剧院可提供全方位服务的沙龙和日间水疗中心；图书馆、商务中心、艺术活动工作室和健身中心。社区还配备了能够最大限度利用电子卫生资源的基础设施。

▲图2-30 贡达西区喷泉景观养老社区卫星地图

三、特色景观空间解析

1.道路交通组织

由于贡达西区喷泉景观养老社区是一栋公寓建筑，所以道路是连接各栋建筑的走廊，在满足交通功能的同时也将景观联通在一起。

2.景观场景

养老社区主要有两类景观场景：休闲类和观赏类。

（1）休闲类

社区内设有菜园，可为居民提供采摘及观果等农耕体验，让老人亲近自然，自己动手种植，欣赏自然之美（图2-31）。

社区内设有室外会客休闲空间，老年人可以在这里自在地进行休息、会客、观赏等一系列轻松简单的生活（图2-32、图2-33）。

景观配套服务设施完善，能够在满足老人需求的同时保证老人的出行安全（图2-34、图2-35）。

（2）景观类

利用分布于不同楼层的花园构成景观体系（图2-36~图2-40）。

▲图2-31 一米菜园（花园）

▲图2-32 室外会客厅、聚会空间

▲图2-33 休憩空间

▲图2-34 屋顶花园

▲图2-35 记忆花园既起到封闭的效果，也强调了用户的互动

▲图2-36 静谧花园

▲图2-37 康复花园

▲图2-38 芳香花园

▲图2-39 不同楼层的绿地和花园　　　　▲图2-40 既是走廊，也是景观视廊

第三节　美国翡翠养老院景观分析

一、项目概况

翡翠养老院（Emerald Court）位于美国洛杉矶，是典型的城市中心型养老社区，占地面积10万m²，为院落式规划结构（图2-41）。

该养老社区的理念是"快乐生活"，社区内老人平均年龄84岁，最大年龄106岁，最小年龄55岁，大多是自理和半自理老人。

二、特色景观空间解析

1.道路交通组织

社区内的建筑均由风雨连廊连接，方便老人的日常出行，同时全区设置了无障碍系统，在保证消防要求的同时，解决了人车通行问题（图2-42~图2-44）。

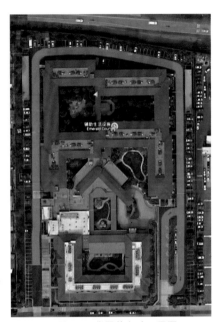

▲图2-41 翡翠养老院卫星图

▲图2-42 社区道路

▲图2-43 全区无障碍通道　　　　　▲图2-44 停车场

2.景观场景

翡翠养老院养老社区主要是休闲类景观。

全区的风雨连廊设计既方便老人出行，同时也将各个景观空间有效连接起来。园区内设有康复空间和交流互动空间，给邻里街坊创造了温馨的沟通环境（图2-45~图2-48）。

▲图2-45 室外空间　　　　　　　　　　▲图2-46 户外烧烤

▲图2-47 棋艺空间

▲图2-48 户外休闲草坪开阔舒朗

三、特色景观空间解析

室内环境温馨典雅，尤其是在每个房间门前留有可DIY的景观空间（图2-49）。

每个房间面积在35~50m²，可供两个老人入住。家居布置温馨又不失品位，全程无障碍设计，同时设有紧急呼叫设施，配合全天候监控中心，可随时提供紧急救援服务（图2-50）。

室内活动空间丰富，有专门为退伍军人、工程师准备的无线电俱乐部。社区内还设有健身康复室、餐厅、棋牌室、活动室以及科研室等，为老人的身心健康及兴趣爱好发展提供了丰富选择（图2-51~图2-54）。

社区安排有各式主题丰富、特色鲜明的活动，丰富老人的业余生活（图2-55~图2-58）。

▲图2-49 入户DIY景观空间

▲图2-50 室内温馨空间

▲图2-51 健身康复室

▲图2-52 无线电俱乐部

▲图2-53 棋牌室

▲图2-54 餐厅

▲图2-55 特色活动安排

▲图2-56 本地球队文化墙

▲图2-57 荣军布展

▲图2-58 宠物布展

第四节　中国台湾长庚养生文化村景观分析

一、项目概况

长庚养生文化村建于1996年，位于中国台湾桃园县龟山乡，地处淡水河入海口，紧邻林口长庚医院，占地34hm²，其中有一半作为绿地、医院、多功能活动中心、公园等，活动空间相当宽阔，约可容纳4000户入住。在其营业的第二年，住房就已基本满员，客户涵盖了公务人员、军政界及企事业人员等（图2-59）。

▲图2-59 长庚养生文化村全景

二、景观空间规划特点

"养生"是为了健康地生活，"文化"是为了充实生活的内容。养生文化村在为老年人提供一个在身体活动、心智认知、日常生活等方面都能享受健康乐趣的环境。村里的养生文化建筑分为ABCD四栋，并建有护理中心、动力之家、银发学园和活动中心等。文化村共34hm²，建筑外围有17hm²的自然生态氧吧，均可为老年人提供舒适、健康的生活乐园。文化村设有门禁管理系统和无障碍环境设计，保证安全第一（图2-60）。

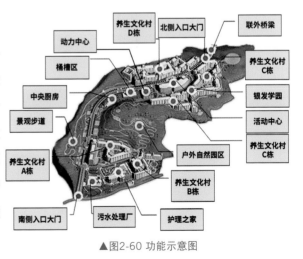

▲图2-60 功能示意图

三、特色景观空间解析

1.适老化系统

住宅充分考虑到老年人的需求，各处均设置扶手，最大限度地帮助机能衰退的老人更好地生活。在建筑系统内设置无处不在的扶手栏杆，方便老人出行（图2-61、图2-62）。

▲图2-61 住宅中的适老化扶手

▲图2-62 建筑中的适老化扶手

在户外场景中，同样根据老年人的需求，设计了适老性坐凳，帮助机能衰退的老年人站立与坐下。在休闲娱乐的场景中，也有适老化的设计帮助老人活动（图2-63、图2-64）。

2.景观场景

长庚养生文化村的景观有健身康体类和休闲类。

（1）健身康体类

园区内设计了三级养生步道，分别为低、中、高氧级步道。景观步道的满意度平均指数非常高。

低氧级步道材质以水泥压力砖为主，步道呈环状，串联起各栋住宅及全区空间，路面坡度控制在12.5%以下，可供年长者使用（图2-65、图2-66）。

中氧级步道材质为刷石子，此步道所需运动量略大于和缓步道，路面坡度控制在25%以下。在环山步道系统下增设另一条步道，增加了趣味性与挑战性（图2-67）。

高氧级步道为石材铺设，供活动力较强且体能状况良好者使用，其间坡度变化大，利用阶梯达到高氧的运动效果。养生步道搭配木平台，让老年人在休憩之余还可亲近自然环境（图2-68）。

此外，村内还设有各式各样的健身器材，供老人锻炼（图2-69）。

（2）休闲类

园区内设置有休闲的公共活动空间，设计采用生态的设计元素，让老人亲近自然、感受自然（图2-70、图2-71）。

▲图2-63 户外适老化坐凳

▲图2-64 室外适老化扶手

▲图2-65 户外的低氧级步道

▲图2-66 建筑内的低氧级步道

▲图2-67 中氧级步道——环山步道

▲图2-68 高氧级步道

▲图2-69 园区户外健身设施

▲图2-70 室外休闲空间

▲图2-71 户外休闲廊架

第五节　杭州万科随园嘉树景观分析

一、项目概况

万科随园嘉树项目位于杭州良渚文化村核心地段，于2015年建设完成，是国内首个集中式养老公寓项目，开业一年入住率即达100%。基地面积6.4hm^2，绿地率为35%。项目由16栋长者公寓、1栋护理院组成，设有"金十字"老年活动中心，风雨连廊与各建筑通达衔接，无障碍动线贯通全园。室内设置有棋牌、健身、老年大学、理疗室等功能空间，为老年人提供了聚集活动的场所和全方位的服务（图2-72）。

▲图2-72 万科随园嘉树鸟瞰图

二、景观空间规划特点

万科随园嘉树的规划结构比较简单，可概括为"一轴两区"。"一轴"指中间呈"十"字型的养生休闲区和颐养中心、康复中心；"两区"指由中间的公共服务设施自然分开的东西两片区。中心轴线的向心性可将社区内的人群集聚到中心空间，减少了老年人独居的孤独感（图2-73）。特点如下：

▲图2-73 万科随园嘉树空间设计

1.超宽间距社区

随园嘉树的楼间距超过常规社区的15%~30%，并配备了各种各样的休闲服务场地。全南朝向以及大进深双开间的阳台设计，提升了采光、通风标准。

2.金十字老年中心

社区中心设置的"金十字"老年活动中心，与各建筑之间通达连接，能够很好地满足老年人的日常活动需求。

3.无障碍交通流线

社区用风雨连廊将各个建筑连接起来，同时无障碍交通动线和无障碍救护动线贯穿整个社区，为老人日常出行及紧急救护提供保障。

4.双中心保障

在养老社区边缘配备了颐养中心和康复中心，既能为社区有需求的老人提供贴心的服务，同时方便对外服务。

三、特色景观空间解析

1.道路交通组织

从社区入口开始，对于老年人生活起居的照护便开始了。社区主要道路坡度基本控制在5%以内，方便老年人行走（图2-74）。

▲图2-74 园区内主要道路

▲图2-75 公共停车位

▲图2-76 救护车专用停车位

▲图2-77 无障碍设施

▲图2-78 设置座椅，供老年人休息

▲图2-79 风雨连廊系统

▲图2-80 适老化设计细节：暖足器

园区内不仅配有公共停车位，还配置了救护停车位，方便在紧急情况下使用（图2-75、图2-76）。

2.无障碍设施

万科随园嘉树的景观步道都达到了无障碍设计的要求，步道两边还设置了扶手栏杆，为行动不便的老人增添了安全保障。通达全社区的风雨连廊系统设计，为下雨天老年人出行提供了便利，使老年人能够轻松到达各个建筑。风雨连廊下设有休息座椅，为体力有限的老年人提供中途休息空间（图2-77、图2-78）。

3.适老化系统

适老化设计在万科随园嘉树随处可见。连接各个住宅单元的风雨连廊，充分考虑到天气、距离等因素对老人出行的影响，能够避免老人在雨天出行时过于劳累或发生意外（图2-79）。

室内的每一处细节设计都体现出对老人的关怀（图2-80、图2-81）。

▲图2-81 适老化设计细节：智能感应灯、卡式数码门锁、一键紧急呼叫

4.景观场景

万科随园嘉树主要有三类景观场景：健身康体类、休闲类和观赏类。

（1）健身康体类

科学合理的锻炼有益身心健康，休闲散步对于老年人来说是安全轻松的健身活动。万科随园嘉树的健身步道绿树成荫，配合开合有致的植物空间设计，为老年人提供了宜人的健身空间（图2-82）。

（2）休闲类

万科随园嘉树内部配有4500m²的"金十字"养生休闲区，可以为老年人提供文娱、学习、商业等活动空间，包括老年大学、阳光阅览室、多功能厅、健身房、棋牌室、景观餐厅、咖啡吧等，是一个专为老年人设计的养老配套区域（图2-83、图2-84）。

（3）观赏类

景观观赏场景多处于道路交汇处与转弯处、休息场地对景、建筑主要出入口等空间（图2-85~图2-87）。

▲图2-82 健身步道

▲图2-83 与杭州图书馆合作建设的图书室

▲图2-84 不定时举办摄影展、画展

▲图2-85 休闲空间石磨景观

▲图2-86 健身活力空间

▲图2-87 水池对景

第六节 北京泰康之家·燕园景观分析

一、项目概况

泰康之家·燕园坐落于北京市昌平区，距离北四环约30min车程，距离地铁南邵站约500m。白府泉湿地公园（398hm²）就在路的另一边，往北15min车程可以到蟒山、十三陵水库。泰康之家·燕园由泰康人寿保险有限公司投资开发，是较典型的复合型养老社区。项目占地约14万m²，总建筑面积约30万m²，于2015年6月正式开放入住，总共19栋楼，可容纳3000户（图2-88）。

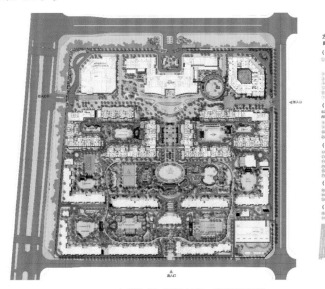

▲图2-88 泰康之家·燕园平面图

二、景观空间规划特点

泰康之家·燕园划分为疗养花园、运动健身、休闲交流、怡乐生产、人文关怀的五大功能板块。

1.疗养花园

疗养花园具有缓解压力、舒缓情绪、恢复精神和健康心灵的作用。它在人们感到孤独和脆弱时给予回应，使身体的能量恢复到自然平衡的状态，可以成为老年人社会和心理需求的庇护所。

2.运动健身

科学合理的运动有利于身心健康，可以改善心血管的循环。老年人的运动健身区，需要增加休息座椅的出现频率；老年人运动机能下降，要避免直接进行剧烈运动，需要通过热身等活动循序渐进地进入运动状态。因此，泰康之家·燕园在老人活动区内设置了可选择长度的健康慢跑道、具有按摩功能的卵石步道以及复合型功能的运动场地。

3.休闲交流

为老年人提供了不同大小、不同私密度的多种形式的休闲空间，既可用于举办大型活动，也可为私人活动或安静休息提供私密的花园空间。花园的设计布局注重透明性和灵活性，即使是行动不便的老人也可以在没有外界帮助的情况下与花园亲密接触。

4.怡乐生产

老年人通过花卉、蔬菜、水果种植等园艺活动与自然接触，见证生命的成长，可以缓解压力、滋养心灵。花园内的配套菜园为老年人提供了园艺休闲空间，抬高的种植池可满足老人乘坐轮椅的需求。

5.人文关怀

针对老年人的心理学研究发现，老年人的心理特征一般包含两方面：一是子女不在身边的孤独感，渴望与人交流；二是他们脱离原有生活环境所产生的陌生感，渴望家庭生活。

基于以上心理特征，泰康之家·燕园提出将引入亲情关怀作为开启养老景观设计、提高老人幸福生活指数的又一重要方面。因此，为前来探望老人的儿孙提供一个支持性的环境变得十分重要。

三、特色景观空间解析

1.适老化系统

单元入口为凹形，利用此空间设置置物台，方便老年人在开门时放置随身物品。卫生间可满足轮椅回转要求，并设置助力杆等无障碍设施，满足老年人使用需求。在室内适当的位置设置了紧急呼叫系统（图2-89~图2-91）。

▲图2-89 CCRC独立生活单元　　▲图2-90 单元入口处置物台　　▲图2-91 卫生间无障碍设计

2.景观场景

(1) 健身康体类

健身活动场地配置了跑步径、卵石径、门球场、羽毛球场和运动器械场等功能空间，最大程度地满足老年人的运动需求。其中，运动器械根据老年人的特殊需求选择，不仅包含锻炼大肢体机能的器械，还包括针对老年人行动灵活性训练和记忆训练所配套的专用器材（图2-92~图2-96）。

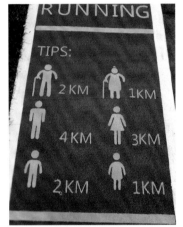

▲图2-92 健康跑步径

▲图2-93 复合功能的运动场地

▲图2-94 门球场地

▲图2-95 老人使用运动器械健身

▲图2-96 运动器械场地

(2) 观赏类

老年人对温度极为敏感，需要在花园内区分出光照区和遮阴区，并设置被植物和建筑结构遮挡的座位。紫藤花覆盖的花廊既强化了视觉效果，又提供了遮阴蔽日的休憩空间。紫藤是优选的观花藤本植物，春季紫花烂漫，串串花序悬挂于绿叶藤蔓之间，瘦长的荚果迎风摇曳，别有意境（图2-97）。

盆景园是一个具有艺术疗养功能的花园空间。这种小而安静且具有艺术功能的花园，既可以让人远离纷扰、静心思考，又能帮助老年人集中注意力和放松身心（图2-98、图2-99）。

同时，在公共空间设置了一些互动水景，供老人观赏（图2-100）。

（3）休闲类

寓意福寿吉祥的长寿花广场引用吴昌硕"花长好，月长圆，人长寿"的题字。此区域设置了举办活动、休闲交流的公共活动空间，还设置了满足遮阴和休憩需求的廊架景观（图2-101、图2-102）。

竹石园是盆景花园内一处极为雅致的空间（图2-103、图2-104）。

▲图2-97 花廊景观

▲图2-98 盆景园

▲图2-99 盆景景观

▲图2-100 特色水景

▲图2-101 公共活动空间

▲图2-102 绿色休闲空间

▲图2-103 私密性空间

▲图2-104 老人悠闲地下国际象棋

第七节 广州泰康之家·粤园景观分析

一、项目概况

泰康之家·粤园位于广州市长岭居国际生态居住区内，距离市中心约25km，于2017年开业。该园的总建筑面积约12万m²，总投资约20亿元，社区可容纳约1200户入住，现大约有1900位长者。作为泰康之家在华南的首个项目，该社区引入了CCRC养老模式，并配备了专业康复医院和养老照护专业设备，可供独立生活老人以及需要不同程度专业养老照护服务的老人长期居住，是一个大型综合性高端医养社区（图2-105）。

▲图2-105 泰康之家·粤园空间结构图

二、景观空间规划特点

泰康之家·粤园的景观空间结构较为简单，可概括为"一心两园多节点"。"一心"指以主入口为中心，将园区分为东粤园、西粤园，打造多个节点。

1.东粤园：静功能区

东粤园内设有专业护理楼，这里面居住的都是需要辅助生活和特殊照顾的老人。根据这样的情况，园区内并没有设计过多的硬质元素，而是设计了大量的植物空间，道路采用简洁流畅的线条，风雨连廊贯穿整个园区。

2.西粤园：动功能区

西粤园主要为独立生活区域，住在这里的老人大都身体健康。景观上，围绕主会所设计了大面积水景，利用重叠的水瀑，结合种植池，形成高低错落的景观层次。园区内还设置了环形跑道、树阵广场、健身场地等运动休闲场所，以满足老人的文体休闲需求。

三、特色景观空间解析

1.适老化系统

贯穿园区主要建筑的风雨连廊分为上下两层，为老人穿梭于建筑之间提供了一个便捷快速的通道。下层连廊主要满足老人遮阴避雨的需求，上层的花园走廊则成为老人观赏园区风景、进行午后漫步的首选地（图2-106、图2-107）。

社区中的人行道与停车场的设计都以人为本，坡度小于5°，方便步行或者乘坐轮椅的老人独自无障碍游览。

▲图2-106 风雨连廊鸟瞰图

▲图2-107 风雨连廊局部图

对于屠弱的高龄老人来说，将自己完全暴露于户外环境是没有安全感的，因此社区利用植被、软装饰和建筑物的侧壁营造出一种围合或荫蔽之感。

粤园借鉴国际适老标准，结合中国老年人人体工程学特点，研发设计了适老空间和设施，打造标杆级无障碍、适老、安全的社区。例如：在走廊双侧设立扶手，把走廊加宽，以方便轮椅和行人并行通过。

2.景观场景

粤园主要有三类景观场景：健身康体类、观赏类和休闲类。

(1) 健身康体类

为了最大限度地保障老人的生活活力，满足其对文化娱乐、体育健身、社会交往和精神实现的生活需求，园区设置了环形跑道、树阵广场、健身场地等运动休闲场所（图2-108）。

健身器材均匀分布在园区内，为老人们提供了多种选择（图2-109）。

慢跑道两侧的绿化种植带有指引性，口袋空间设计在满足人们休息需求的同时，不妨碍行人的正常通行（图2-110）。

▲图2-108 环跑道健康场地鸟瞰图

▲图2-109 健身设施

▲图2-110 慢跑道

（2）观赏类

园区内设计了很多水景，为静谧的空间增添一些"声音"（图2-111、图2-112）。

疏林草地空间的微地形绿化搭配曲线优美的木质平台，成为东粤园的视觉焦点，沿线设有假山和自然水景，使少量硬质景观与风景园林融为一体。

设计保留了场地原有的4棵百年荔枝树，营造了原生态荔枝林景观，赋予了这块场地更多的意义。疏林草地内部以大量的草坪及植物组团，营造出一个具有天然氧吧的绿色空间（图2-113）。

（3）休闲类

长时间行走或站立会感觉虚弱是老年人的身体特征。园区内沿着园路及休闲活动场地每间隔50m设置了木质座椅，以方便老人休息。

广场的四个角设置了种植池，树荫下放置了可供休憩的户外桌椅，阳光透过树桠，在地面形成斑驳点缀。在这样的午后，老人们可以惬意地看书、下棋、闲聊（图2-114）。

▲图2-112 主水景区域鸟瞰

▲图2-111 会所主入口侧水景

▲图2-113 疏林草地

▲图2-114 树阵休闲广场

第八节 案例分析总结

一、欧美国家与中国的养老特点对比

通过对国内外不同背景文化和生活习惯下老年群体的差异性分析，可以总结出国内养老社区的设计要点和特色（表2-1、表2-2）。

尽管居家养老的社会化、社区化已经成为大势所趋，但国内老人内心的首选模式依旧是居家养老。因此，在国内进行养老社区设计时，既要注重提供舒适、安全的适老化户外公共空间，也要注重营造养老社区的家园感和归属感，以给老人提供足够的心理抚慰。

▼表2-1 欧美国家与中国养老观念对比

对比项	欧美国家	中国
文化理念	追求自由、崇尚个人主义	传统、家和万事兴、家族观念重
养老观念	活力、健康、独立	安全、养生（喜欢用各种保健品）、医疗依赖
养老需求	社会化（社群互助）、健身、游览	安全、健康、人文关怀

▼表2-2 国内外养老社区环境差异

国外养老社区的景观特色	国内养老社区的景观特色
空间简洁、功能明确	景观空间设计过于丰富
设施完善、标准统一	注重安全性与人文关怀
专业程度高、系统性强	景观空间精致、细节丰富
景观表达方式过于单一	景观文化性突出

通过对比国内外案例，可以发现国内养老社区景观绿化层次过于丰富，不符合老年人对于公共空间开放通透、安全明朗的生理与心理需求，因此后续的养老社区景观研究中应该将植物设计作为一项重要内容。

二、本章案例对比分析

本章7个案例的景观特色及适老化特色对比分析详见表2-3。

▼表2-3 案例对比分析一览表

案例名称	景观特色（亮点）	适老化特色	景观空间
美国太阳城	1.采用人车分流，主次分明，便于老人记忆 2.景观空间相对分散，大部分布置在会所、服务中心等公共建筑周边，方便使用 3.景观空间精致实用，适应不同区域的人的需求	在设计上充分运用视觉、听觉、触觉等手段，通过鲜明的标识，给予长者重复的提示和告知，从而提高社区空间的导向性和识别性	1.运动健身空间：泳池、门球场、网球场、高尔夫球场等 2.休闲活动空间：广场、大草坪
美国贡达西区喷泉景观养老社区	该公寓除却其本身的功能之外，最大的特色是将街角绿地、公园、公寓融为一体，辐射周边住宅，形成养老社区	通过设计独立的生活单元，将适老化的设计融入到生活中	通过将街角绿地纳入到养老社区中，充分利用其景观空间，打造健康的养老社区环境
美国翡翠养老院	1.室内环境温馨典雅，每个房间门前均留有可DIY的景观空间 2.连廊链接各建筑，方便雨天通行	风雨连廊串联起各个建筑，全区无障碍系统，保证消防要求的同时，解决人车通行问题	打造了丰富的休闲活动空间，如棋艺空间、户外烧烤空间、休憩空间等
中国台湾长庚养生文化村	园区内设计了三级养生步道，分别为低、中、高氧级步道，为老人不同的运动需求提供丰富选择	建筑、景观环境充分考虑到老年人的需求，采用以人为本的设计理念，设置适老化扶手，帮助机能衰退的老人更好地生活	1.运动健身空间：高、中、低三级养生步道，户外健身设施 2.休闲活动空间
杭州万科随园嘉树	1.超过常规社区15%～30%的楼间距，配置丰富的休闲空间，全南朝向以及大进深双开间的阳台设计 2.社区中心设置"金十字"老年活动中心，与各建筑通达衔接，便捷满足社区老年人日常活动需求 3.配置风雨连廊、无障碍交通动线、无障碍救护动线	利用物联网、云计算、大数据、智能硬件等技术，打造面向居家长者、社区的物联网系统与信息平台，使个人、家庭与社区、机构、医疗服务、运营商、服务商和社会养老资源有效对接，满足长者多样化、多层次的养老需求	1.养生休闲：图书馆、棋牌室、书画交流展、休闲空间 2.运动空间：健身步道 3.颐养中心 4.康复中心

续表

案例名称	景观特色（亮点）	适老化特色	景观空间
北京泰康之家燕园	为了配合老年人五觉感官不同程度衰退所带来的问题，提出应该为老年人提供多感官、多层次的信息接受方式；利用视、听、触、味、嗅等人最本能的感知方式来设计景观	通过设计独立的生活单元，将适老化设计融入到生活环境中	1.疗养花园 2.运动健身 3.休闲交流 4.怡乐生产 5.人文关怀
广州泰康之家粤园	设计了多处水景，为养老社区增添乐趣	双层风雨连廊设计，兼顾了老人的使用需求以及景观欣赏需求；园区的人行道坡度不超过5°，便于老人出行	1.中心轴线区 2.东粤园：静区 3.西粤园：动区

三、可借鉴景观设计经验总结

1.最大化利用周边资源

养老社区的景观营建应与建筑、场地地形、周边风景区、水系等资源充分结合，打造出独特的社区景观特色。但这类项目往往距离主城区较远，配套不足，尤其是对老年人来说最重要的医疗资源。

2.合理规划景观结构

设计之初要根据建筑布局做好景观空间的规划，首先将道路交通、老人集散空间、生命通道等使用频率很高的功能进行合理安排，再根据空间大小和场地条件布局其他空间。案例中很多项目园区面积较大，增加了老人的出行距离，合理的规划能有效化解使用的不便，同时还能塑造丰富多样的景观空间。

3.鲜明的文化定位

以上案例均在规划之初就有清晰明确的文化定位，使建筑、景观以及后期运营形成一个统一的体系，如美国太阳城"活力老人之都"的定位。这些文化定位使项目具有很强的吸引力，围绕其塑造的景观也充满活力，为居住其中的老人带来精神上的关怀。

4.富有特色的景观空间

各个养老社区由于定位与文化不同，景观空间也有较大差异，在满足功能需求的基础上，采取不同的景观表达手法，展现出各自的地域文化特色。景观空间对文化的表达可为项目注入灵魂，为老人提供身体与心灵的双重关怀，使老人使用时能够沉浸其中，激发生命的活力。

第三章

养老社区景观总体设计

社区空间环境作为人们居住生活中不可或缺的重要组成部分，是积极应对社会老龄化、完善社会康养服务的重要物质载体。养老社区的环境应从需求出发，充分考虑老年人的行为特点，并结合建筑规划设计系统来塑造活动场景。

第一节 老年人需求分析

2009年，中国老龄事业发展基金会通过随机抽取全国28个省（自治区、直辖市）的老年群体，对我国当代老年人的心理需求和趋势进行了系统调查和分析。在此次调查中，中国老龄事业发展基金会副理事长傅双喜参照马斯洛的需求层次理论[1]（图3-1），结合我国老年人各个阶段的心理特征，将心理需求分为生理需求、交往需求、认同需求和自我实现需求四个维度（图3-2）。基金会通过自编的《老年人心理需求问卷》对老年人的心理需求进行调查后得出：应优先考虑老年人的生理需求，其次是交往需求、认同需求及自我实现需求；需求会随着老年人性别、年龄、文化程度、婚姻状况的不同，呈现出一定的变化趋势。

可见，养老社区景观设计在满足老人生理需求的基础上，还应从其心理需求出发，进一步满足其交往需求、认同需求和自我实现需求。因此，如何营造优质的环境空间，是衡量养老社区品质的重要标准。

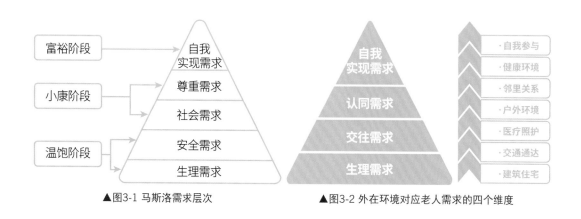

▲图3-1 马斯洛需求层次　　　　　　▲图3-2 外在环境对应老人需求的四个维度

[1]马斯洛在1943年发表的《人类动机的理论》（*A Theory of Human Motivation Psychology Review*）一书中提出了需求层次理论。这种理论的构成根据三个基本假设：①人要生存，他需要能够影响他的行为。只有未被满足的需要能够影响行为，已经得到满足的需求不能充当激励的工具。②人的需求按重要性和层次性排成一定的次序，从基本（如食物与住房）到复杂（如自我实现）。③当人的某一级需求得到最低限度满足后，才会追求高一级的需求，如此逐级上升，成为推动继续努力的内在动力。马斯洛需求层次理论把需求分为生理需求、安全需求、社会需求、尊重需求和自我实现需求五类，依次由较低层次到较高层次。

第二节　老年人介护分类与室外活动特征

一、老年人介护分类

前期，研究团队收集了往年各省（自治区、直辖市）、市的老年人健康报告，并以深圳市福田区2014—2015年接受免费健康体检的17936名65岁及以上老年人的体检资料为例[1]，对其体检结果进行了分析，并采用问卷调查的方式对其卫生服务需求变化进行了统计。最后共检出体检异常者10774名（占总数的60.07%），前5位健康问题依次是高血压（36.46%）、血脂异常（22.29%）、糖尿异常（18.8%）、心电图异常（11.75%）、超重或肥胖（11.05%）（表3-1）。女性疾病或指标异常的检出率显著高于男性，主要表现为高血压、血脂异常、心电图异常；80岁以上年龄段疾病或指标异常的检出率最高，高血压、血脂异常、糖尿病、心电图异常的检出率随年龄增长而增加（表3-2）。

综上，根据体检结果得出心脑血管疾病是辖区老年人的主要健康问题。因此，养老社区的环境应构建社区内运动系统及调节心理健康的系列产品，以加强预防和改善老年慢性病。同时，从采集的数据可知，2015年老年人对定期体检、上门诊疗及康复指导的需求率显著高于2014年（表3-3）。可见，随着我国国民经济的增长，市民对健康管理的需求也在提高，养老社区的规划及建设也更应趋向于多元化。

▼表3-1 深圳市福田区65岁及以上老年人主要健康问题分布

疾病名称	检出人数	检出率（%）	百分比（%）
高血压	6539	36.46	28.99
血脂异常	3999	22.29	17.73
糖尿病	3373	18.80	14.95
心电图异常	2107	11.75	9.34
超重或肥胖	1982	11.05	8.79
脂肪肝	1493	8.32	6.62
尿常规及肾功异常	844	4.71	3.74
肝功异常	812	4.53	3.60
胆囊炎胆结石	583	3.25	2.58
慢性阻塞性肺部疾病	452	2.52	2.00
风湿性关节炎	120	0.67	0.53
肿瘤	51	0.28	0.23
其他	204	1.14	0.90

注：某病检出率=检出人数/体检总人数×100%；某病百分比=检出人数/总检出人次×100%。

[1]摘自2014—2015年深圳市福田区65岁及以上常住老年人体检结果的汇总统计，仅作为参考。

▼表3-2 不同年龄、性别老年人的主要疾病或指标异常情况比较

变量	指标	例数	主要疾病或指标异常情况				
			高血压	血脂异常	糖尿病	心电图异常	超重或肥胖
合计		17937	6539 (36.46%)	3999 (22.29%)	3373 (18.80%)	2107 (11.75%)	1982 (11.05%)
性别	男	8634	3020 (34.98%)	1793 (20.77%)	1653 (19.15%)	1074 (12.44%)	926 (10.73%)
	女	9303	3519 (37.83%)	2206 (23.71%)	1720 (18.49%)	1033 (11.1%)	1056 (11.35%)
	X^2值	—	15.68	22.43	1.26	7.70	1.78
	P值	—	<0.05	<0.05	>0.05	<0.05	>0.05
年龄	65~69	7118	2492 (35.01%)	1361 (19.12%)	1224 (17.48%)	860 (12.08%)	809 (11.37%)
	70~79	9225	3406 (36.92%)	2218 (24.04%)	1811 (19.63%)	1036 (11.23%)	1020 (11.06%)
	>80	1594	641 (40.21%)	420 (26.35%)	318 (19.95%)	211 (13.24%)	153 (9.60%)
	X^2值	—	17.00	72.80	13.72	6.56	4.14
	P值	—	<0.05	<0.05	<0.05	<0.05	>0.05

注：P值<0.05视为差异有统计学意义。

▼表3-3 2014—2015年老年人卫生服务需求问卷调查结果比较

卫生服务项目	2014年（n=200）		2015年（n=200）		X^2值	P值
	需求人数	需求率	需求人数	需求率		
定期体检	105	52.5%	141	70.5%	13.68	<0.05
健康教育咨询	56	28.0%	67	33.5%	1.42	>0.05
上门诊疗	68	34.0%	91	45.5%	5.52	<0.05
康复指导	49	24.5%	88	44.0%	16.89	<0.05
家庭病床	25	12.5%	31	15.5%	0.74	>0.05

注：P值<0.05视为差异有统计学意义。

而发达国家在提供养老服务方面具有丰富经验，拥有针对不同类型老年人的完整的养老服务体系。如CCRC模式根据老年人的身体状况及各年龄段的不同需求，提供自理、介护、介助一体化的居住设施和服务，使老年人在健康状况和自理能力发生变化时，依然可以在熟悉的环境中继续居住。

我国2013年颁布的《养老设施建筑设计规范》（GB 50867—2013），根据老年人的身体衰退状况、行为能力特征，将老年人分为自理老人、介助老人和介护老人三大类。自理老人是指生活行为完全可自理，不依赖他人和扶助设施帮助的老年人；介助老人指生活行为需依赖他人和扶助设施帮助的老年人；介护老人指生活行为需依赖他人护理的老年人，主要指失智和失能老年人。

在养老设施建筑外部空间环境设计中，一般不建议根据老年人的年龄阶段划分活动范围，更强调老年人的行为活动能力，即以自理老人、介助老人、介护老人为研究对象。

结合前期调研、老年人需求、国内及国际标准，本书将老年人分为活力型、需要照顾型、专业护理型、特殊护理型、失能失智型五种类型（图3-3）。

二、老年人的活动特征

要科学研究老年人的活动特征，应从其身体状况、行为习惯等方面，对老年人的活动进行分类。根据老年人的看护等级、兴趣爱好等，其活动类型大致可分为社会交往、健身锻炼、休闲疗养三大类（表3-4）。

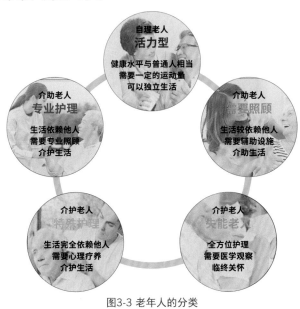

图3-3 老年人的分类

▼表3-4 不同群体的倾向活动类型

人群结构	特征	倾向活动类型
脑力劳动群体	文化程度高，多从事教育、科研医疗等高知行业，对生活品质要求高，喜爱独处的休闲活动	休闲疗养 健身锻炼
干部管理群体	文化程度较高，有较强的组织能力，对社会活动参与性高，兴趣爱好广泛，自主性强	社会交往 健身锻炼 休闲疗养
体力劳动群体	文化程度较低，活动参与性强，对新鲜事物的接受度较高，活动范围根据其不同的心理习惯呈现不同的状态	社会交往 健身锻炼
闲居型群体	以家庭为中心，生活圈狭小，心理上往往有很强的孤独感及对社会事物的畏惧感	休闲疗养 健身锻炼

社会交往类的活动对象一般都是较为熟悉的人，如邻居、同事等，活动组织的形式多种多样。此类活动一般需要宽敞的场地，如硬质铺装广场、草坪等，由于活动人群较多，对空间要求也高，因此在选址方面需要有良好的可达性。

健身锻炼类活动一般有固定的场地及时间，老人会进行球类运动、跑步、游泳等强度较高的锻炼。此类活动需要设置户外健身空间，也可在室内配置运动器械。

休闲疗养类活动是让老年人通过休息、观景、冥想、呼吸芳香空气来刺激感官、舒缓压力、消除疲劳，从而使紊乱的生理机能得到调节。此类活动需要营造风景如画的户外景观，让老人通过观看美景，达到镇定和安神的目的。

此外，不同文化程度、职业背景的老年人在养老需求方面呈现出多样化的特点，对物质、医疗服务、精神文化等方面也有不同的要求。

2020年12月，我们在某城市中心社区进行了调研。该中心社区面积为3.8km²，下辖10个社区，常住人口11.09万人，周边毗邻体育馆、3个高规格市民公园及优质学区，是人口密度大、文化素养程度较高的区域。本次调研共进行两轮问卷发放，第一轮针对居住区内老年人进行随机问卷调查，第二轮在公园及体育馆等活动场所发放问卷，进行有针对性的调研。本次调研共发放问卷2000份，收回有效问卷1614份，有效回收率81%（表3-5）。我们通过对社区室外活动空间、活动内容进行综合调研，借助问卷调查法及定性分析的访谈法，总结出促进老年居民参与活动的有利建议。调查问卷详见表3-6。

▼表3-5 问卷资料发放统计

问卷发放地点	发放数量	有效回收数量	有效回收率
干部居住社区	500	415	83%
学区住宅片区	500	395	79%
养老社区	500	480	96%
公园	400	259	65%
体育馆	100	65	65%

▼表3-6 老年人活动情况调查问卷

您的性别: □ 男　　□ 女					
1.您的年龄?					
A.55~60岁	B.60~65岁	C.65~70岁	D.70岁以上		
2.您是否单身?					
A.是	B.否				
3.您是否需要看护?					
A.是	B.否				
4.您喜爱外出活动吗?					
A.非常热爱	B.比较热爱	C.一般	D.不热爱	E.说不清	
5.您认为外出活动能否增强身体机能?					
A.有	B.没有	C.说不清			
6.您平时会参加户外活动吗? (选A请回答第8题,选B请回答第7题)					
A.参加	B.不参加				
7.您不参加户外活动是因为?					
A.不喜欢	B.没时间	C.没同伴	D.没必要	E.不会	F.怕花钱
8.您参加户外活动是因为? (多选)					
A.有助于健康	B.消磨时间	C.喜欢	D.身体需要	E.习惯	F.结交朋友	G.其他
9.您平时参加的项目有? (可多选)					
A.慢跑	B.散步	C.篮球	D.乒乓球	E.羽毛球	F.网球	G.门球
H.武术	I.骑车	J.钓鱼	K.踢毽子	L.棋牌类	M.其他
10.一般情况下您一天出门活动几次?					
A.1次	B.2次	C.3次	D.3次以上		
11.您每次持续的时间一般在?					
A.30分钟内	B.31~60分钟	C.61~90分钟	D.91分钟以上		
12.您活动的时间段一般是在? (可多选)					
A.早晨	B.上午	C.下午	D.傍晚	E.晚上	
13.您认为比较好的户外环境应具备哪些要素? (可多选)					
A.方便到达	B.设施齐全	C.专业性强	D.绿树成荫	E.安全	F.参与性强	G.其他_____

续表

14.您认为户外环境中比较重要的设施有哪些？（可多选）					
A.健身器材	B.休息设施	C.标识设施	D.照明	E.配套设施	F.其他＿＿＿
15.您喜欢安静的活动场地，还是热闹的活动场地？（选A请回答第16题，选B请回答第17、18题）					
A.安静的活动场地		B.热闹的活动场地			
16.您喜欢安静的活动场地是因为？					
A.安静	B.自己练	C.没有合适的人群		D.活动时间与他人不同	E.其他＿＿＿
17.您更希望和谁一起活动？					
A.家人	B.同事	C.朋友	D.邻居	E.其他	
18.您喜欢和别人一起活动是因为？					
A.能相互交流		B.热闹	C.结交新伙伴		D.其他＿＿＿
19.您的户外活动地点一般是在？					
A.住宅周边		B.公园	C.社区专门提供场所		D.公路、街道边
E.自家周围庭院		F.收费的体育场馆		G.其他＿＿＿	
20.您对户外活动场地周围环境的喜好是？					
A.滨水景观	B.林下景观	C. 其他＿＿＿			
21.您更喜欢哪种户外活动空间的场景设计？（可多选）					
A.暖色系休闲场景		B.暖色系活动场景	C.冷色系休闲场景		D.冷色系活动场景	E.其他＿＿＿
22. 你对户外活动场地中植物种类的喜好是？					
A.芳香植物	B.色叶植物	C.常绿植物	D.不太关注		
23.您更关注户外配套设施的哪些方面？					
A.安全性	B.舒适度	C.美观性	D.其他＿＿＿		
24.您对活动场地的距离是否有要求？可接受的大概距离是多少？					
A.步行5分钟	B.步行15分钟内	C.步行25分钟左右	D.无要求		
25.您每次的运动量一般控制在？					
A.不出汗	B.微微出汗	C.大汗淋漓	D.不控制	E. 筋疲力尽	
26.您对户外环境有什么建议？或者对养老社区还有哪些期望？					
＿＿＿＿＿＿＿＿＿＿＿＿＿					

　　根据问卷调查统计，老年人外出意愿分为非常愿意、一般、不愿意三类，有45%的被访老人表示非常愿意参加户外活动，有50%的被访老人表示一般愿意，仅有不到5%的老人表示不愿意（图3-4）。而户外活动场地环境过于脏乱、嘈杂，是老人不愿意外出活动的主要原因。由此可见，外界环境因素在极大程度上决定了老人外出的欲望。多数社区的老年人户外活动、休闲活动空间亟待改善。

在户外活动中，跑步、散步最受老年人欢迎，有55%的老人喜欢。而在固定场所中的健身活动，如打太极拳、舞剑、跳舞、扭秧歌等也十分受老年人欢迎，占27%左右。另外，15%的老人选择聊天，这主要与老年人害怕孤独、渴望交流的心理有关（图3-5）。

调查显示，在户外活动场地环境的喜好方面，55%以上的老人喜欢在空间开敞的林下空间活动，40%以上的老人喜欢遮阴避阳的常绿植物。15%左右的老人会根据自己的兴趣爱好活动，对环境有特殊要求（图3-6、图3-7）。

同时，老年人在户外活动中，更关注户外配套设施的安全性及使用舒适性，也会根据不同的个人爱好有不同的关注点，如距离、规模、位置等（图3-8）。

此外，本次调研结果显示老年人外出活动的时间段主要集中在清晨6—8点和下午5—7点。通过访谈我们了解到，有45%的老人喜欢与三五好友外出活动1~2小时，其中60%的老年人活动时间在1小时之内，而缺乏户外活动场地及场地条件恶劣等是影响老人外出时间长短的直接原因。45%以上的老人希望在增加活动场地的同时，规划更多富有趣味性的活动（图3-9~图3-11）。

通过调查分析，结合扬·盖尔《交往与空间》的理论[1]，我们将老年人的活动类型划分为自发性活动、必要性活动和社会性活动三类，每一种活动类型对于居住环境的要求都不相同（表3-7）。

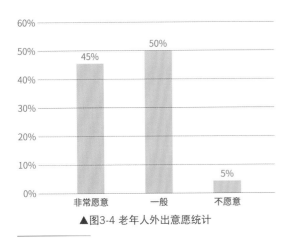

▲图3-4 老年人外出意愿统计

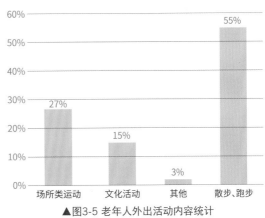

▲图3-5 老年人外出活动内容统计

[1]著名建筑师扬·盖尔在《交往与空间》中将户外活动划分为必要性活动、自发性活动和社会性活动三类。必要性活动以步行活动为主，大多为必须进行的活动，不以人的意志为转移，较少受到物质环境（如时间、场所、空间等）的影响，一年四季都可进行。而自发性活动只有在适宜的户外条件下才会发生，具有大量性、随时性等特点，包括散步、呼吸新鲜空气、观赏有趣的事情、小坐、休憩、晒太阳等。因此，创造良好的户外活动场地、优美的环境非常重要。社会性活动是指在空间中依赖于他人参与的各种活动，包括互相交谈、打牌等各类公共活动，这些活动可称为"连锁性"活动。只有具备良好的必要性活动和自发性活动条件，才会间接地促成社会性活动。

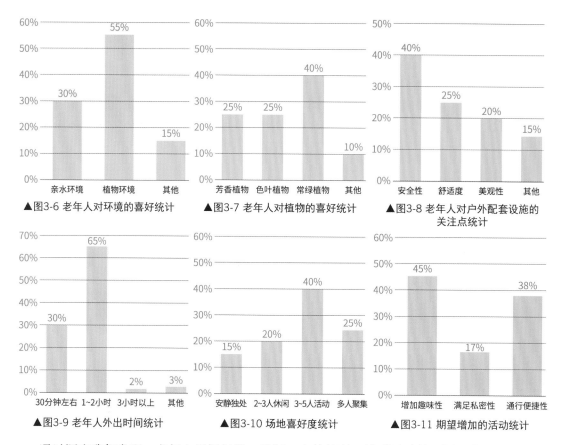

▲图3-6 老年人对环境的喜好统计　　▲图3-7 老年人对植物的喜好统计　　▲图3-8 老年人对户外配套设施的
　　　　　　　　　　　　　　　　　　　　　　　　　　　　　　　　　　　　关注点统计

▲图3-9 老年人外出时间统计　　　　▲图3-10 场地喜好度统计　　　　　▲图3-11 期望增加的活动统计

　　通过调查我们发现，老年人根据年龄、爱好、身体情况、社群活动等不同因素，对活动空间有较强的习惯性与领地意识。因此，户外场所的设计应结合老人对场地的喜好，满足各类老人在户外的活动需求。我们从规划、适老化系统及场景设计三个层面，对调研结果进行了总结。

　　在景观的规划层面主要有如下问题：①去往活动场地的步行距离太远，或路线不清晰；②活动场地之间的间距太近，面积不够或混用，相互干扰，使用不便；③活动场地在社区的分布不均匀，布置不合理；④歌舞类等活动空间噪音较大，等等。

　　在适老化系统层面，受访者主要提出以下不良体验：①社区步行环境嘈杂，常要避让汽车、电瓶车或者自行车；②轮椅不能通往所有的公共活动区，不够人性化；③下雨天回家途中，常常打湿鞋袜；④道路崎岖不平，常有踩滑的时候；⑤不太喜欢道路出现急转弯，会拉扯膝盖骨，或者不小心撞到对面来人；⑥夜间归家的园路照明不好，常常走岔路；⑦我喜欢睡觉开点小窗，窗外园路灯太亮了，太影响睡眠了；⑧院子里的健康步道上坡、下坡变化大，建议加个扶手；⑨建议楼下小院子能加个轮椅位，棋友现在停放轮椅很不方便；⑩湖景边上的座椅坐着不舒服，太窄了，距水也太近了，上次差点把拐杖掉进去；⑪听说现在高档小区的院子都有紧急报警系统，我们老年社区可以装吗？等等。

从场景的设计层面，受访者主要突出以下喜好及问题：①早上在室外练瑜伽，总是被打太极的音乐声影响；②下棋的桌子，常常被唱歌/跳舞的人占着放器具；③现在小区景观环境的设施、道路、植物没啥特点，看着就不太想使用，没活力；④希望搞点种菜、养花的地方，老了就想盘盘花草；⑤社区的座椅全是石头的，夏天还好，天一凉根本坐不住，在外面就待不长；⑥希望能多一些展示手工艺的室外场所，等等。

▼表3-7 老年人行为活动模式类型分析

时间	活动类型	热门项目	频率		说明
06:00—07:00	自发性活动 必要性活动	散步	0.4856		多以体育锻炼为主，在家人及友人的陪同下进行一些简单的活动
		舞蹈、体操	0.2954		
		太极拳	0.1862		
		其他	0.01333		
09:00—11:00		种植类	0.3965		
		戏曲类	0.16895		
		看书	0.16333		
		游泳	0.08533		
		其他	0.01333		
14:00—17:00	必要性活动 社会性活动	棋牌	0.38		多以休闲社交活动、兴趣互动活动为主
		戏曲类	0.16895		
		看书	0.16333		
		摄影	0.05		
		游泳	0.08533		
		门球	0.2667		
		其他	0.01333		
18:00—21:00	自发性活动 必要性活动 社会性活动	散步	0.4856		多以简单的健身锻炼及社交互动活动为主
		舞蹈、体操	0.2954		
		卡拉ok、电影	0.073333		
		其他	0.01333		

注：根据以上老年人行为活动模式类型的分析，结合各季节的气象特点得出老人的活动内容有以下规律：清晨06:00—07:00老年人的出行目的多以体育锻炼为主，并在外出购物的过程中发生许多自发性活动；傍晚18:00—21:00的时间段是老年人出行活动人数最多的时间，各种活动内容、活动方式都有，对设施和现场环境的要求也较高。

第三节 基于"老年人友好社区"的设计思想

基于"老年人友好社区"的建设，应更多注意对老年人生理、心理方面的特殊照顾，形成整体的康养系统，以满足老年人的各项需求。同时，规划利于身心健康的社区生活圈，可改善老年人的自卑感、抑郁感、孤独感、失落感等一系列消极性的心理活动。

在基于"老年人友好社区"的设计思想里，未来理想养老社区必须从以下六个方面出发，为老年人规划合理、舒适的室外活动空间，包括舒适亲和的空间环境、易行便利的无障碍交通、适老与安全并存的户外空间、功能多样的户外活动场所、"家园文化"的归属感及多元化的弹性景观营造。

一、舒适亲和的空间环境

我国光气候分布特点是西高东低、北多南少，高原多于沿海、山区多于平原、平原多于盆地、北方多于南方。一天中，中午直射光强度高于其他时间，而且逐时变化。因此，为防止眩光或避免过热的高强紫外线，养老社区主要活动区域需要遮蔽直射光，天空扩散光则可以结合场地格局加以利用。

根据《城市居住区规划设计标准》（GB 50180—2018）中第4.0.9条规定"老年人居住建筑日照标准不应低于冬至日日照时数2小时"得出：养老社区的规划应着重关注社区的日照问题，保证园区的活动场地在一年四季均有舒适的日照条件。因此，根据我国光气候分布特点，结合国民的活动习惯，可以得出光照对空间规划的影响：①社区活动场地全天日照不宜小于2小时，宜规划于社区朝南位置，且场所类运动场地布置应避免产生眩光；②社区西侧不宜规划主入口及主要活动广场，避免日照西晒，该区域宜规划林下空间及遮阴构筑物，便于居民使用；③建筑北侧无日照，且日照小于2小时的区域，避免规划活动空间，同时应设计舒朗开阔的空间，避免光照不足而产生阴湿地带（表3-8）。

根据人体对室外温度体感舒适度（表3-9）限定，老年人室外活动应分时段合理规划活动空间。景观设计要结合地域气候条件打造，满足室外绿化率35%的标准，并有效通过景观调节室外温度，使室外温度控制在25℃左右、湿度控制在40%~60%。西晒区或日照低于2小时的阴湿区域，则可以安装光感跟踪机，利用人工手段调节室外温度（图3-12）。

此外，景观设计还应注意噪音对生活的影响，除前期选址应注意避开高架桥、工厂等噪音污染源外，还应结合隔音板、景观筑坡、植物屏障等手段对空间进行降噪处理，社区噪音

▼表3-8 光照对空间规划的影响

类别		各方位条件因素			
		东	南	西	北
采光条件		——		西晒严重	光照不足
日照条件					
光污染		避免东、南侧投射眩光			
空间规划	不宜	——		开敞式空间	遮阴式空间
	宜	各类型空间		遮阴式空间	开敞式空间
场所归纳		老年晨练场、儿童活动场、主要礼仪空间		林下活动空间、廊下观景空间	广场空间、草地空间、湖面

注：在社区规划中，建筑的东侧及南侧可规划任何形式的空间；西侧则不宜规划开敞式空间，避免阳光西晒；北侧光照不足，不宜规划老龄群体及幼龄群体室外活动空间，且老龄群体及幼龄群体室外活动空间日照条件不宜少于2h/天。

▼表3-9 室外温、湿度控制表

类别	室外温度	室外湿度（夏季）
体感最佳	22~28℃	40%~60%
忍受极限	32℃	<30%，>95%

▲图3-12 雾化系统及雾化环境

注：现今较普遍选用雾化系统调节室外温度，当温度过高时，喷雾降温装置自动启动，使空气温度降至25℃。喷雾降温装置在极端环境下可使气温下降14℃，智能降解室外高温，使其达到人体最佳体感温度。

不宜大于50分贝。同时，可规划特定的植物空间打造自然声源，包括水声、鸟声、风声及人无意识发出的声音，形成舒缓的声音环境。人工声源主要为规划的背景发声源，背景发声源应根据社区场景选择合适的声音类型，并综合社区自然因子中的多方面元素，以达到空间的舒适以及环境对老人心理的积极影响。

二、易行便利的无障碍交通

老人友好型社区应严格执行人车分流系统，重点研究老年人的步行路线及无障碍设计。社区应综合考虑建筑布局、空间功能以及环境利弊等因素，规划合理的路线贯穿各个室内外空间（图3-13～图3-15）。

通过研究老年人公共服务空间与活动空间之间的关系得出：①从步行系统的友好出发，连接主要室内外空间的路线应易于老人行走，要求步道宽度无障碍，同时考虑步道的遮阴避雨功能。②从老人的体能考虑，老年人的步行半径为800m左右，因此，路程满足老年人步行10～15min为宜，且户外活动场地的布置以便捷性为先（图3-16）。因为过远的距离会使老年人失去到户外活动的兴趣，让户外活动空间失去真正的使用者。

▲图3-13 连接各空间易行便利的风雨廊　　▲图3-14 严格的人车分流措施　　▲图3-15 老人友好理念下的无障碍设计

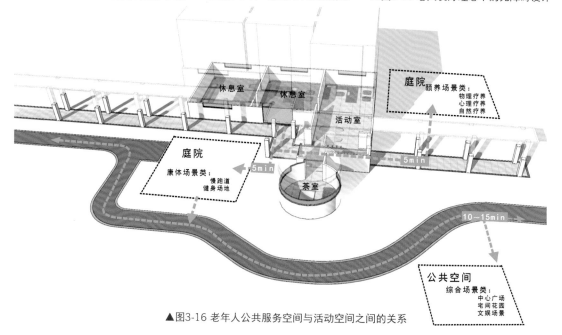

▲图3-16 老年人公共服务空间与活动空间之间的关系

三、适老与安全并存的户外空间

环境的安全性直接关系到老年人的身心健康，也会直接影响老年人的生活质量、居住意愿以及社会归属，因此社区在室外空间营造过程中要以安全性为根本出发点。作为活动开展主要场所的户外空间以及连接各空间之间的交通环境，应努力避免各种不安全因素以及潜在威胁，注意室外场地的坡度、平整度、地面防滑等安全性要素，为老年人提供适老、舒适的休息、交流与活动场所（图3-17~图3-20）。

▲图3-17 慢跑道上的安全防护措施

▲图3-18 趣味场地的安全防护措施

▲图3-19 上下台阶的防护措施

▲图3-20 风雨廊中的安全防护措施

四、功能多样的户外活动场所

根据使用者心理及活动的轨迹，养老型社区应严格遵循动静分区的规划原则，合理规划有一定疗养功能的空间及满足社区老人运动需求的空间，保证运动方式遵循循序渐进、持之以恒的原则。根据老年人参与户外活动的类型，可以将社区室外场地分为健身锻炼类和休闲疗养类。

1.健身锻炼类场地

健身锻炼是老年人户外活动的主要需求，是维持老年人身心健康的重要手段，也是老年友好社区室外环境健康性、参与性的重要体现。户外可开放的健身空间主要包括门球场、羽毛球场、室外游泳池等设施，以及进行跳舞、打太极、跳操、慢跑、散步等运动的场所（图3-21~图3-23）。

健身空间应该根据老年人的生理、心理特征进行布置，让不同身体状况的老年人可以选择适合自己的健身设施。同时，健身场地和设施宜采用小集中、大分散的布局方式，将健身器材分散地布置在住宅旁绿地以及老年人便于到达的中心绿地，并根据老人的分布特点在每个健身场地内设置多种形式的健身器材，可结合组团绿地、步行道形成若干个小尺度的健身空间，使老年人容易获得使用的机会，也由此促进老人之间的社会交往活动。对于运动量较大的场地及设施，如羽毛球场、门球场、室外游泳池等场地，则可以适当地布置在较远的地方，提供给身体相对健康的老年人使用，以减少对其他老人生活的干扰，但仍要在老年人步行可及的范围内。

▲图3-21 步道热身区

▲图3-22 风雨廊下的器械运动区

▲图3-23 疗养漫步道

▲图3-24 廊下逗鸟区

▲图3-25 戏曲观赏区

▲图3-26 庭院种植区

▲图3-27 风雨廊茶歇区

▲图3-28 风雨廊艺术展示区

2.休闲疗养类场地

休闲疗养场地主要通过自然界中具有医疗保健作用的新鲜空气、日光、水等物理因子，起到治疗、复健和精神安慰的作用，以达到预防和治疗疾病的目的。植物、水体不仅具有观赏性，能使人身心愉悦，而且能净化空气、杀菌抑菌、调节空气中的负离子浓度，有利于老年人心脏病、高血压、神经衰弱等健康问题的恢复，使老年人在充分享受大自然的同时，还能恢复或保持身体的健康活力，从而提高老年人外出活动与社会交往的积极性。例如，根据老年人的生理、心理特点，用具备预防、治疗疾病和强身功能的植物规划不同的区域，用季相明显的花灌木和彩叶树木进行搭配，营造暖色系、亮色系及暖灰色系等色彩环境空间，使其成为老年人的休闲疗养场所，不仅可以缓解老年人的心理压力，对其身体、心理治疗及恢复也会有显著的帮助（图3-24~图3-28）。

五、"家园文化"的归属感

我国城镇化进程已迈入中后期，养老体系正朝着体现美好的生活方式及地方特色传统文化迈进，老年人已不再满足于物质生活，提高了对生活照料和精神慰藉的要求，新的养老文化体系在逐步形成。2014年出版的《全国养老政策概览》中提出了"以养老文化产业为引领，居家为基础，社区为依托，机构为支撑，中国城乡智慧养老示范基地为补充"的中国养老模式，指出智慧康养服务体系建设的首要任务就是"文化"，且具有深刻的内在一致性，它一方面证明了我国文化遗产传承的可能性和意义，另一方面丰富了社区老年人的精神生活。景观环境作为文化的载体，可以很好地将孝道、尊老、长幼传统、风俗礼节、节庆活动等文化或活动融入其中，并对社区整体的文化环境产生积极健康的影响。

"百善孝为先"，中国孝文化在历史上起到稳定家庭、促进社会发展的积极作用，通过挖掘传统孝文化，可为当代老年人"老有所养"的问题提供新的解决思路。在此背景下，如何在园林中打造相呼应的场景空间变得尤为重要。国人的传统心理还是以居家养老为主，曾经送老人进养老机构甚至会被视为不孝，然而随着时代的转变以及养老社区环境的提升，老人对此的心理接受度在不断提高。因此，养老社区的环境景观要体现人性化和孝道文化，从老人的日常生活、饮食起居、健身锻炼到家人团聚，都要设计相应的场景，让老人感受到如儿女在身边的温暖。

中国传统民居建筑多以合院式为主，合院布局按长幼、内外的等级秩序进行安排，在格局居中位置规划院落。《辞海》将"院落"定义为房屋及围墙以内的空地。院落在民居中扮演着极其重要的角色，大多数老人都有过在农村或院落居住的经历，因此景观环境可从农耕文化中的二十四节气、气候变化、作物生长等方面进行塑造；也可结合中医、养生等文化，将有利于老人身心健康的植物、药材、设备综合设计成利于休闲养生的活动场所；还可以结合传统技艺及风俗习惯，打造老年朋友聚会、家庭成员交流的聚会或技艺切磋空间（图3-29～图3-35）。

▲图3-29 农耕元素在景墙中的体现

▲图3-30 农耕设计主题的景观设施

▲图3-31 林下休憩空间结合枯山水装置，凸显中国传统文化

▲图3-32 利用风雨连廊的扩展部分形成戏台

▲图3-33 利用趣味小品丰富游园的乐趣

▲图3-34 增加传统劳作项目，丰富文化体验
（制茶工艺体验）

▲图3-35 种植药用植物，丰富老人业余生活

我国幅员辽阔，不同气候区的人们生活习惯、风俗文化大相径庭，因此在不同地区的设计中除了要注意根据南北地域的特色规划相对应的景观空间，打造符合当地老人使用习惯的空间，还应该注意本地文化与风俗习惯的设计要求，避免造成使用上的缺陷或者出现禁忌冒犯。

六、多元化的弹性景观营造

社区公共空间应承担起居民休闲娱乐的功能，既要对空间环境进行有效利用，又要对单一功能进行科学延伸，因此运用"弹性"思维合理高效建立高适应力、高修复力的延展性景观显得格外重要。

首先，在弹性理念下的景观营造要更加注重空间功能的多元化（图3-36），预留未来弹性发展空间。比如，在道路设计中要做好等级划分，根据不同的等级设计不同的使用功能；水景除观赏性之外，可增加健康疗养及小气候调节等功能；空间场地应丰富人们的参与性，添设不同游览需求的景观节点，将空间的划分和使用人群相结合，构建多元化使用场景，打造多层次空间。

其次，时间维度是构建弹性空间的重要考虑因素之一。在表象上，主要体现为材料的变化，如日夜更替与四季轮回。在认知感受上，主要体现为空间的体验，因为不同的时间维度带来的景观空间感受也不一样。弹性的空间思维在时间维度上是一种自适应力、修复力以及再生力，是可以预见及延展开的，这使景观体系更为稳定、有机且富有弹性。

最后，社区人居环境的弹性空间设计，能使空间布局在不确定外部环境的情况下，为社区空间提供良好的灵活性及适应性，从而使空间结构合理有序地发展。

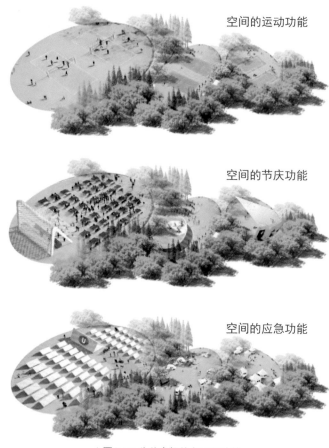

空间的运动功能

空间的节庆功能

空间的应急功能

▲图3-36 公共空间的多元化功能

第四节　养老社区景观规划的理想场景

一、场景体系的分类定义

建立科学的社区场景，研究自理老人、介助老人和介护老人三类老年群体的生理及心理状态，按照"三大基本场景，两大基础体系"规划社区，保证使用者的生理及心理需求。其中，"两大基础体系"为交通体系和适老化体系，"三大基本场景"为综合场景、康体场景及颐养场景（表3-10）。

场景设计中，康体类主要以增强老年人身体机能为主，其运动模式涵盖老年群体的各个年龄层，从活跃型运动模式逐步到器械康复类；颐养类主要结合园林景观，从环境入手，利用植物、声源、光照等自然因子协调社区的院落景观，从而起到环境疗养的功效；综合类主要是从规划必要性本身去研究、平衡，以满足最基本的行为及活动需求。总体而言，景观体系的规划应从协调及串联各场景出发，设计老年人友好社区的交通及适老化设计。

▼表3-10 社区规划结构分类

两大基础体系	交通体系	车行交通	人车分流
			消防通道对景观的影响
			生命通道
			停车系统
		慢行交通	慢行道路
			风雨连廊
		出入口与标志	对外出入口
			入户出入口
	适老化体系	基于老人友好的细节设计	
		智能系统设计	
		植物系统设计	
三大基本场景	综合场景	中心广场	
		宅间空间	
		附属空间	
	康体场景	运动道路	漫步路
			慢跑道
		健身区（运动器械类）	—

续表

		水感疗养园
	物理疗养	音律疗养园
		光韵疗养园
		宠物园
颐养场景	心理疗养	童趣园
		修剪园
		芳香园
	自然疗养	果蔬园
		水生园

(左侧竖排：三大基本场景)

二、社区景观体系设计

1.养老社区景观规划设计原则

理想的养老社区会从老年人的介护分类与使用者的需求出发，规划对老年人友好的景观空间。

首先，交通规划应满足人车分流的标准，采用网格状步行道路系统的"密路网"交通模式，通往各服务中心的距离不应过长，应满足"10分钟步行生活"的标准。步行道结合林地、水岸及中心景观区，宜规划大于3km的健身步道，宽度应不小于1.2m，宜规划为1.5m以便于轮椅通行。同时，结合健身步道周边功能区，每500m应设置一个静态休息区。

其次，活动场地位置宜选择在向阳、避风处，场地范围应保证有1/2的面积处于当地标准的建筑日照阴影之外。环境应相对幽静，不宜有太阳直射，不应对着风口，避免出汗又遇风而感冒。场地内冬季向阳、夏季遮阴处，宜设置健身运动器材和休息座椅。

然后，社区景观体系设计，应建立在社区规划的动静分区之上。除礼仪、交流及休闲功能外，可结合动静分区规划满足老年人日常的生理及心理需求。在社区动区的布局区域，规划老人与儿童、老人与动物互动的休闲娱乐空间，可改善老年人生理及心理等各类健康问题。在静区以休闲、冥想的空间为主，可规划植物景观空间及与植物相关的园艺操作活动空间。

此外，在满足活力社区AAC（Active Adult Community，即活跃长者社区，主要针对身体机能健康、暂时无须他人护理的活力长者设计）模式的规划标准上，还可根据空间的景观规划独特的颐养类型空间，如自然疗养涵盖的农耕、渔牧等主题，物理疗养涵盖的水疗（温泉、山、海、江河景色）等，以独特的社区文化及景观丰富社区的产品模式。

2.养老社区景观规划方法

养老社区的景观规划，旨在为不同类型的老人提供更专业、更适宜的景观活动场地。在建筑规划阶段，可根据活力老人、协助生活老人、专业护理老人、记忆障碍老人及完全失能老人的生活需求，进行合理的功能分区，同时划分出医院（护理院）、公共活动建筑、主要活动区及出入口等片区。

养老社区内部场景布局可分为中心区域、动区和静区，包括综合场景、颐养场景和康体场景。中心区域是指围绕中心广场及中心服务建筑规划的综合场景，可借助湖景、广场、阳光草坪等规划与自然互动的场景，如自然疗养的水生园、物理疗养的光韵疗养园和水感疗养园等。动区是在社区高层或楼间距较大的区域规划动区场景，避免嘈杂的环境对室内造成影响，如心理疗养的童趣园和宠物园、物理疗养的音律疗养园及康体场景的健身区等。静区是规划的低密度区域，应尽可能布置安静的场景，如自然疗养的修剪园和芳香园、心理疗养的文娱园及物理疗养的光韵疗养园等。

进行社区景观设计时，要将不同类型的活动空间合理布局在居住组团内，每个组团内的活动空间都要考虑老人使用的便捷性，划分适合不同类型及数量的老人需要的活动空间。如：活力老人分为成组活动（1~25人）、群体活动（大于10人）、单独活动（1~10人）三种活动类型，老人人数不同，功能需求也不同（表3-11）。活动场地的面积应根据国标要求规划，满足人均面积不小于$1.20m^2$的要求。从适老化考虑，园区的活动场地应满足人均$2.5~5.0m^2$的要求，各类活动场所应结合社区容量合理规划场地体量（图3-37）。小型景观场地适合布置在建筑周边或出入口，以明显的场地围合及特色的活动为老人提供纳凉、聊天的场所，或规划服务于记忆障碍老人使用的记忆花园。中大型景观场地可结合园区中心区或公共建筑周边设置，交通应串联各组团，步行距离在10~15min为宜。

养老社区内部可规划三级道路系统：第一级为无障碍风雨廊道，应与各支路、建筑出入口、活动空间相连，使老年人在社区的任何地方都可以便捷地通行；第二级为环形健康步道体系，环形步道之间由第三级及第一级道路相连，路径可通过建筑底层的架空空间、社区景色较好空间以及各个活动空间；第三级道路系统由设在社区外围的环路系统组成，应与二级道路紧密相接，并保留与一级道路的进出口，用于保障整个社区的后勤需求（图3-38）。

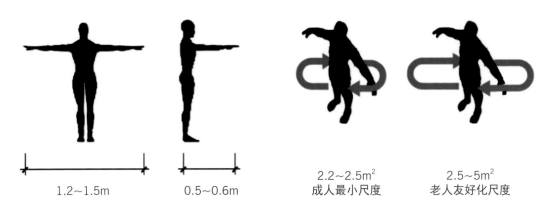

| 1.2～1.5m | 0.5～0.6m | 2.2～2.5m² 成人最小尺度 | 2.5～5m² 老人友好化尺度 |

▲图3-37 活动场地宜设人均面积

▼表3-11 社区的场景设计

规模	场景名称	功能类型	设计要求	场地体量
成组活动 （1～25人）	光韵疗养园			30m²左右
	童趣园	文体娱乐 社交互动 心理疗养		按照人均10~15m²规划
	宠物园			
	修剪园			
	芳香园			按照人均5~10m²规划
	果蔬园			
群体活动 （>10人）	中心广场	文体娱乐 社交互动	结合基地 大小规划 面积或数量 5~15m²/人	>250m²
	水感疗养园	生理康健		
	音律疗养园	文体娱乐 社交互动 心理疗养		
	水生园	社交互动 心理疗养		

第一级
无障碍风雨廊道

第二级
环形健康步道体系

第三级
社区外围环路系统

综合场景
宅间空间

医院/疗养机构

颐养场景
心理疗养
修剪芳香园

综合场景
附属空间

颐养场景
物理疗养
音律疗养园

康体场景
健身区

颐养场景
心理疗养
童趣宠物园

颐养场景
物理疗养
童趣宠物园

综合场景
中心广场
（湖景、活动空间）

颐养场景
心理疗养
水生园

颐养场景
心理疗养
文娱园

颐养场景
物理疗养
水感疗养园

颐养场景
心理疗养
文娱园

颐养场景
物理疗养
水感疗养园

颐养场景
物理疗养
光韵疗养园

中心区域

动区

静区

▲图3-38 社区的场景布局

85

第四章
养老社区景观专项设计

第一节 交通系统设计

养老社区的交通系统组织设计须综合考虑区域外部交通环境、内部交通体系、老年人行为特征等因素进行系统组织设计，使社区内交通顺畅、便捷、安全，并与小区外部交通实现最优衔接。其中，社区内部交通体系分为车行交通和慢行交通两部分。

一、车行交通设计

1.实现人车分流

养老社区交通系统设计，将行人与车辆分开，做到互不干扰，非常有必要。老年人出行常以步行为主，如果与速度较快的机动车混行容易发生危险，因此养老社区宜采取人车分流形式。

人车分流的形式包括完全人车分流和部分人车分流两种形式。养老社区宜采用完全人车分流形式，全方位保证老人的人身安全。常规的人车分流设计，外环为车行道，中间为绿化带与建筑，内环为人行道，人行道宜远离车行道，串联各功能分区，以减少车行影响，保障老年人的人身安全。

2.减少消防通道对景观的影响

养老社区消防通道应满足规范要求，消防车道距离建筑物外墙宜在5~15m之间，且其净宽度和净高度应满足消防车通行的需要，均不小于4m。养老住宅消防要求应高于普通住宅楼，消防系统需便捷、可达，并减少岔路设计，便于老人第一时间到达安全区域。同时，由于大面积的消防车道及消防登高面往往过于生硬、单调，与人性化的景观不协调，因此要在满足规范要求的前提下，从景观角度考虑，美化消防通道。

（1）消防登高场地及消防通道结合景观功能空间

将景观休闲广场与消防登高场地结合，使其成为景观的一部分，削弱了道路过于生硬、笔直的视觉效果（图4-1、图4-2）。

▲图4-1 消防登高场地与休闲广场结合

▲图4-2 消防登高场地丰富的铺装机理

（2）**优化消防道路的路型**

在满足消防车道通行功能的前提下，对消防车道加以优化。比如道路采用不对称式设计，在道路两侧设置草坪，调整为弧形园路，弱化过于直硬的道路等（图4-3、图4-4）。

（3）**消防道路上增加可移动的家具小品**

可在消防车道两侧摆放可移动花钵、花箱、雕塑小品、景石等，既不影响消防通行，又可以美化道路（图4-5、图4-6）。

（4）**弱化道路的生硬感**

通过调整铺装色彩和丰富的肌理来弱化道路的生硬感（图4-7、图4-8）。

▲图4-3 弧形园路设计

▲图4-4 不对称园路设计

▲图4-5 在道路两侧摆放移动花钵

▲图4-6 在道路边线设置条石及景石

▲图4-7 在石材铺装间嵌草，弱化生硬感

▲ 图4-8 将道路边线进行凹凸线型处理

3.设置生命通道

老年人身体各项机能都有所下降，一旦出现意外或突发疾病，必须尽快到医疗机构治疗。因此，养老社区可以与周边医院建立绿色就医通道，方便老人出现突发性疾病时迅速就医。此外，社区内部必须设置专门的救护车专用道，道路设置应便捷畅通、减少转弯，宽度以2.5m为宜，同时住宅入户门前尺寸应满足救护车通行需要，电梯间大小应满足担架通行需要，便于患者第一时间到达医疗机构（图4-9、图4-10）。

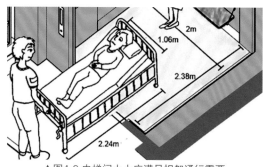

▲图4-9 电梯间大小应满足担架通行需要

▲图4-10 在社区内部设置绿色就医通道

在卧室、卫生间、活动室、风雨连廊、室外活动区等老人经常活动的地方，设置紧急呼叫系统，保证老年人在任何地方遇到紧急情况都可以通过呼叫监控系统得到及时救助。

4.停车系统设计

考虑到老年人有负重、急救等情况，需要机动车行驶至单元入口处接送，因此可将急救通道与消防通道统筹考虑，并在单元入户附近设置少量机动车停车位及无障碍车位，便于特殊情况下接送老人。另外，还需注意停车场与人行道的设置原则，将停车位设置于行人较少的节点，尽量让人行道远离停车场，在车行道上可考虑设置降速带，提示降低行车速度（图4-11~图4-16）。

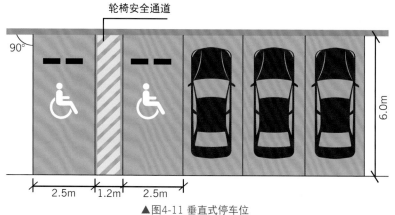

▲图4-11 垂直式停车位

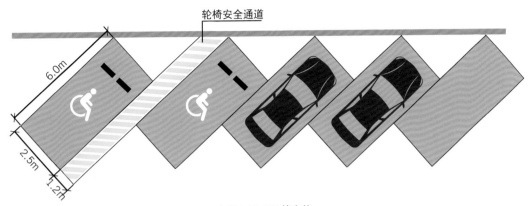

▲图4-12 45°停车位

▲图4-13 泰康之家·蜀园无障碍停车位（沥青）

▲图4-14 万科随园嘉树救护车停车位（植草砖）

▲图4-15 日本Urara江南养老院停车位（沥青）

▲图4-16 万科随园嘉树停车位（透水砖＋植草砖）

二、慢行交通设计

1.慢行道路设计

随着年龄的增长，老年人的肌肉力量逐渐减弱，甚至出现肌肉萎缩，影响体态和耐力；骨骼系统出现退化，骨质变得脆弱，影响到弯腰、屈膝、转身和站立动作的完成，意外发生率也随之增加。由于老年人的出行方式主要是步行、拐杖或轮椅，且行动较为缓慢，因此养老社区必须进行无障碍设计。道路的坡度、转弯半径及路径的设置应充分考虑适老化需求，路径应尽量串联起景观节点，以便老年人观赏、游玩。

（1）坡　度

适宜的坡度能减少老年人因行动不便带来的无力感（表4-1）。地面坡度宜≤3%，当步行道纵向坡度超过6%时（在山地城市这一要求常常不能满足），应当设置可以选择的步行道，并设置相应的坡度提醒标志及扶手栏杆（图4-17）。坡道两端的水平段和坡道转向处的水平段，要设置1500mm×1500mm的停留休憩平台。

▼表4-1 轮椅坡道的最大高度和水平长度

坡度	1:20	1:16	1:12	1:10	1:8
最大高度（m）	1.2	0.9	0.75	0.6	0.3
水平长度（m）	24	14.4	9	6	2.4

（2）转弯半径与宽度

为防止轮椅使用者或行动不便的老人转弯时因重心倾斜而摔倒，园路转弯处应避免设计成直角、锐角或半径较小的圆弧，而应采用钝角或直角弯加倒角形式，且转弯区域应平坦无坡度，最小转弯半径≥1.5m，以保证轮椅的通行安全（图4-18~图4-21）。

▲图4-17 在较大高差一侧设置安全扶手

▲图4-18 大角度弧形设计利于老人辨别方向

| 2.1m(轮椅0.9m+双拐宽度1.2m) | 1.8m(轮椅0.9m+轮椅0.9m) | 1.8m(轮椅0.9m+拐杖0.9m) | 1.5m(轮椅0.9m+单人通过0.6m) | 1.2m(轮椅0.9m+单人避让0.3m) |

▲图4-19 慢行道路宽度设计参考

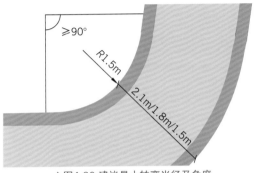

▲图4-20 建议最小转弯半径及角度

▲图4-21 较大转弯半径可减少视觉盲区

（3）路径选择

①慢行道路宜为相互连通的环状道路，从而形成蜿蜒或富有变化的道路，避免漫长而笔直的道路，以增加老人行走时的趣味性，这样也能在一定程度上减少风力的干扰。

②慢行道路与主要功能区域的距离要近，以方便老人游玩。

③应在道路沿途设置足够的休息座椅，宜每30m设置一处，以供老人随时驻足休息（图4-22、图4-23）。

④道路宽度宜在1.5m以上，坡度宜≤3%，以方便轮椅通行。

⑤特殊用途的道路两侧宜设置无障碍扶手，以满足康复训练需求。例如，可设置康复锻炼缓坡道、坡度较大的园路等。

▲图4-22 带遮阳棚的休息座椅

▲图4-23 健身区带扶手的休息座椅

2.风雨连廊设计

南方潮湿多雨，夏季气温高；北方冬季寒冷，常有雨雪等恶劣天气，皆不方便老人穿梭于建筑之间，因此设置风雨连廊非常有必要。风雨连廊有遮阳、避雨、挡风雪、休憩、娱乐等功能，能够方便老年人不受天气影响参与户外活动。

(1)风雨连廊的布置方式

作为建筑与和建筑之间的连接构筑物，风雨连廊可以串联起各栋建筑，全方位无断点地覆盖社区主入口、功能建筑主入口、住宅单元入口、各活动功能节点等，成为主要游园路，让人们在雨雪天也能畅通无阻游园、往来于各栋建筑。

风雨连廊根据需求可分为交通型连廊与休闲服务型连廊，其中交通型连廊主要满足交通功能，休闲服务型连廊主要满足观景、聚会、休闲运动等功能；根据地域性可分为长江以南的开敞式连廊和长江以北的半开敞连廊，其中半开敞式连廊通常为迎风面闭合，如旋转闭合或推拉闭合；根据屋顶的形式可分为平屋顶连廊和减少雪载的坡屋顶连廊（图4-24~图4-34）。

▲图4-24 观景功能连廊

▲图4-25 具备聚会及休闲运动功能的连廊

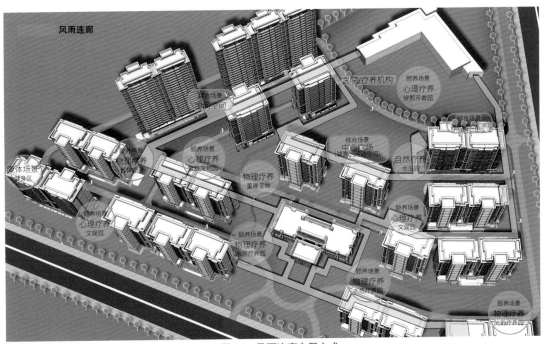

▲图4-26 风雨连廊布置方式

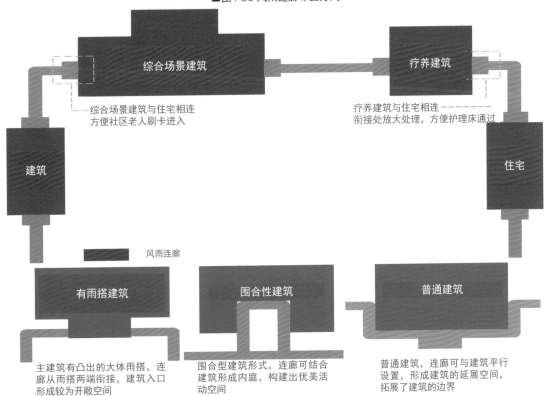

▲图4-27 风雨连廊交接

▲图4-28 一侧连接内庭院的观景连廊

▲图4-29 一侧通透式连廊

▲图4-31 延展建筑空间的连廊

▲图4-30 建筑入户两侧设置连续休息设施

▲图4-32 冬季可封闭的连廊

▲图4-33 采用泛光照明设计的连廊

▲图4-34 多种光源设计增加照明亮度

（2）风雨连廊的细节设计

① 风雨连廊的尺度

一般廊架内净宽度宜≥2.2m，净高度宜≥2.8m。衔接建筑入户的连廊宽度、高度应满足救护车通行、停靠和救援的需求。同时，与消防车道相交的区域，应该保证净高度与净宽度均不少于4m（图4-35～图4-37）。

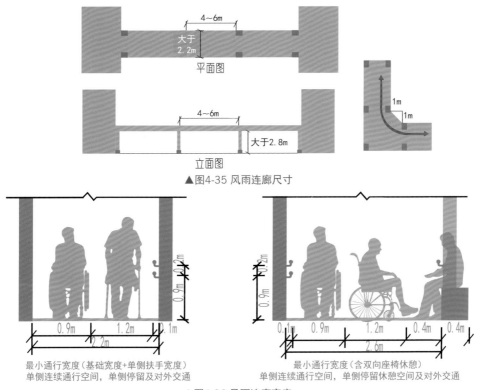

▲图4-35 风雨连廊尺寸

▲图4-36 风雨连廊宽度

▲图4-37 横穿消防通道的风雨连廊尺度

② 风雨连廊的屋顶

风雨连廊的屋顶根据设计形式可分为增加屋檐宽度的平屋顶和减少雪载的坡屋顶。南方常采用平屋顶，透明材质的使用率宜≤30%，屋檐向外向下增加有效避雨面积，挑檐宽度宜≥0.5m。北方常采用减少雪载的坡屋顶，透明材质使用率宜≥30%。两种形式屋顶均宜考虑有组织排水（图4-38~图4-42）。

③ 风雨连廊排水

连廊地面铺装应设置一定坡度，统一中间高两侧低，坡度控制在0.3%~0.5%，并在铺装边缘设置收水沟（图4-43）。

▲图4-38 转角处连廊顶部钢化玻璃增加采光性

▲图4-39 坡屋顶风雨连廊

▲图4-40 平屋顶风雨连廊

▲图4-41 平屋顶收水沟

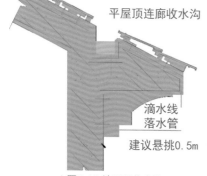

▲图4-42 坡屋顶收水沟

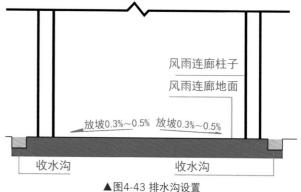

▲图4-43 排水沟设置

三、出入口与标志设计

1.对外出入口

对外出入口作为社区与外部城市空间的主要连接点，具有集散交通、标识位置等功能，一般分为主出入口和次出入口（图4-44~图4-53）。

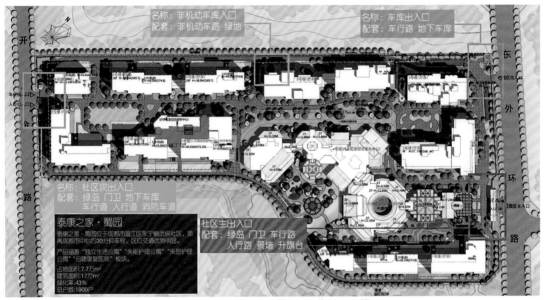

▲图4-44 泰康之家·蜀园（一期）平面图

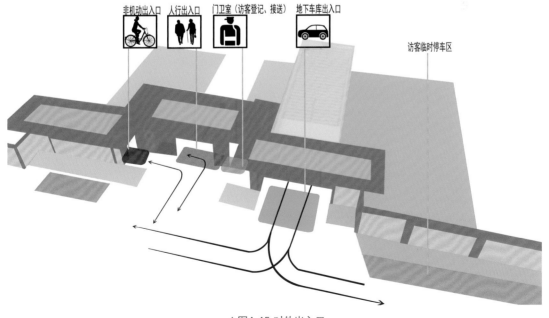

▲图4-45 对外出入口

▲图4-46 泰康之家·蜀园人行主入口

▲图4-47 泰康之家·蜀园次入口

▲图4-48 日本Urara江南养老院

▲图4-49 上海浦兴长者照护之家（标识景墙）

▲图4-50 亲和源·桐乡养老公寓主入口

▲图4-51 万科随园嘉树次入口

▲图4-52 成都万科锦塘康养中心

▲图4-53 杭州桃李春风主入口

2.入户出入口

入户空间是衔接建筑室内与室外人行道路的终端交通系统，是老人使用频率最高的通道，其设计除了要满足老年建筑的设计标准外，还应充分考虑到老年人的行为习惯（图4-54、图4-55）。

①住宅单元号牌。因老年人对空间的识别和判断力下降，建筑出入口应设置明显的楼栋标识。建议标识设计采用图像加文字的形式，同时提高标识的色彩对比度，避免使用反光材质，打造出有明显特征、易于识别的标识，这样有助于老人更好地进行户外活动（图4-56）。

②等候、停留空间。坐轮椅、拄拐杖的老年人在到达和离开入口时，需要进行开门、关门、等候等一系列动作，因此需在出入口内外预留不小于1500mm×1500mm的轮椅回旋空间，同时也要考虑设置助力车充电设施、等候区等（图4-57～图4-61）。

③面积的规定。应该考虑设置救护车停留空间（不小于6000mm×3500mm），使老人有突发性疾病时，能便利、迅速就医。

④文化小品、景观雕塑。通过设置有鲜明特征的小品及雕塑，增强老年人对空间的记忆。

⑤室外座椅。为方便老人在门口停留，宜设置室外座凳供其休息、等候（图4-62、图4-63）。

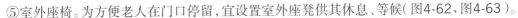

▲图4-54 万科随园嘉树入户墙信箱

▲图4-55 万科随园嘉树入户提供伞架及垃圾桶

▲图4-56 楼层号标识采用图像+文字形式

▲图4-57 万科随园嘉树入户前停车空间

▲图4-58 日本太阳城神户养老公寓停车落客区

▲图4-59 泰康之家·蜀园入户提供电瓶车位

▲图4-60 入户有高差的情况

▲图4-61 万科随园嘉树入户无障碍坡道

▲图4-62 杭州桃李春风入户休息坐凳

▲图4-63 日本银座东方太阳城入户休息座椅

第二节　适老化系统设计

适老化系统设计是指秉持"老年人友好"的设计思想，系统考虑老年人的身体机能及行动特点，进行相应的设计，旨在最大限度地帮助那些身体机能衰退以及出现功能障碍的老年人，为他们的日常生活和出行尽可能地提供方便。适老化系统包含室内和室外两部分，室内系统主要满足日常生活起居，室外系统是室内系统的延伸与补充。

一、基于"老人友好"的细节设计

1.座　椅

因老年人四肢协调能力下降，骨骼变得脆弱，其使用的座椅需要区别于其他普通座椅。适老化座椅在造型上要简洁、圆润，两侧需增加扶手，方便老人起身，扶手处还可考虑增加拐杖卡扣。此外，一般椅深500~600mm，椅宽600mm，后背倾斜角度在100°~110°为宜，材料以木材或竹藤为主，坐垫要软硬适中（图4-64~图4-67）。

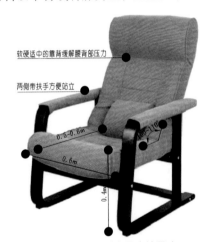

▲图4-64 适老化座椅尺寸

▲ 图4-65 在轮椅扶手处设置拐杖卡扣

▲图4-66 提供多人休息座椅

▲图4-67 座椅扶手进行圆角处理

2.道 路

(1)地面应平整、防滑、无反光

道路应有一定的粗糙度，使轮椅、拐杖等能贴牢地面而不易滑动。铺装材料面层宜选用烧面、皮革面、火烧水洗面、荔枝面等，或采用塑胶地垫、透水材料铺装，以达到坚实、耐磨、无积水、抗滑、有弹性的效果。此外，道路应避免使用微自然面、自然面、卵石、砾石、沙子等凹凸不平的材料（少量特殊用途道路除外），同时铺装不应有过多的接头，保证地面的平整度符合标准要求，以防绊倒老人。

(2)地面材料颜色选用原则

根据不同的道路系统，选用色彩对比明显的地面材料，以加强视觉上的识别性。需要注意的是，因老年人色彩分辨能力降低，应避免使用红色、深色和色差对比微弱的材料；在转弯、高差变化的区域，应采用不同颜色的材料，或在地面增加明显的色彩标识加以提示，但不能做条纹、横纹等迷惑性图案，避免让老人辨别困难（图4-68~图4-70）。

3.栏杆扶手设置

室内公共通道沿途、沐浴间、洗手台、坐便器两侧、衣帽间等均应设置扶手，扶手的起端与终端需设置突出部分加以提示，末端水平方向至少延伸300mm，栏杆扶手高度以800mm为宜（图4-71~图4-73）。

▲图4-68 广场与连廊地面采用不同样式的铺装

▲图4-69 无障碍坡道采用色彩对比明显的材料

▲图4-70 要避免将迷惑图案作为铺装纹理

▲图4-71 健身步道扶手

▲图4-72 道路旁的木质扶手

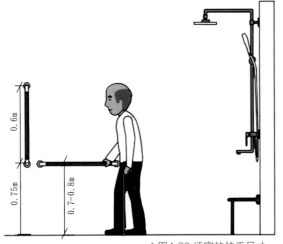

▲图4-73 适宜的扶手尺寸

4.轮椅开门器

建议采用先进的电动门系统，让乘坐轮椅的人无须用手触碰门，入户门即可自动打开和关闭。若自重较重的门，可采用立式开门器（图4-74）。

▲图4-74 自动开门器

5.洗手台及储物柜

菜园、球场及盆景园等需设置储物柜，用于存放活动用品、操作工具等。储物柜常用的操作空间为700~1100mm。洗手台的尺寸应该考虑轮椅者的使用（图4-75~图4-78）。

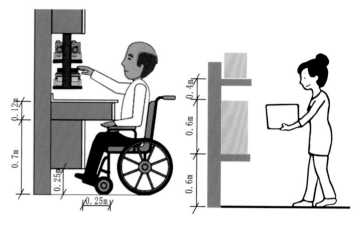

▲图4-75 室外储物柜　　▲图4-76 轮椅使用者适宜尺寸　　▲图4-77 适宜的储物高度

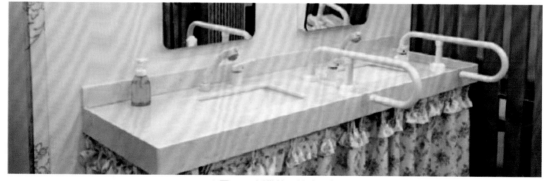

▲图4-78 侧带扶手的洗手台

6.太阳能驱蚊灯

南方气候湿润、蚊虫多，可在室外设置一些驱蚊灯。

7.景观照明系统设计

为保证老年人夜间出行和活动的安全性、舒适性，设计高质量的照明系统很有必要。照明系统的设计应满足照度标准、色温适宜、点位布置合理，并与周围环境协调，充分体现艺术性和人文特性。

①照度标准。目前室外活动场地尚无规范要求，但《城市道路照明设计标准》（CJJ 45—2015）规定了人行道路水平照度的最小值和平均值、垂直照度最小值、半柱面照度最小值。老

年社区夜景照明不同于普通社区，应避免刺眼炫光、迷惑性光源，确保园区的照明均匀度及可见度，确保户外活动的安全性。

②色温要求。景观照明色温一般分为暖色系（红、橙、黄色）、冷色系（蓝、绿、紫色）、混合色（多种颜色混合使用）。相关研究表明，老年人宜采用的色温范围为2800~3500K，暖黄光色温在2500~3500K，暖白光色温在3000K左右。营造出温暖祥和的氛围，更能让老人的情绪得到舒缓放松（图4-79）。

③位置要求。灯具的点位布置需综合考虑道路等级、植被高度及项目整体风格等。因老年人对明暗适应能力较差，灯具观赏面应避免看到发光面，形成刺眼炫光，造成强烈不适感，也不宜采用强照度的点光源、光泽度高的装饰背板、闪烁速度较快的带灯或彩灯，建议采用灯槽、灯带及暖色系光源等。

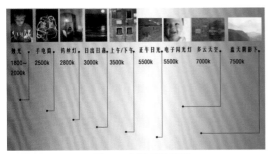

▲图4-79 色温参数范围

▲图4-80 灯光森林

▲图4-81 暖黄光源夜景图

▲图4-82 水景雕塑冷色系光源实景图

④灯具分类。照明按功能性分为一般照明、特殊照明、景观观赏性照明。一般照明主要包括园区内人行道、车行道、功能活动场地等照明，常用的有高杆路灯、庭院灯、草坪灯、埋地灯、壁灯、LED灯带、投光灯、绑树灯、筒灯等。特殊照明主要用于特定空间的氛围营造，比如疗愈功能空间等。景观观赏性照明具有较强的艺术效果，比如灯光森林、模拟萤火虫灯等（图4-80~图4-82）。

8.标识系统设计

标识系统设计应充分考虑适老化需求，做到便于识别、易于理解、信息反复串联，保障老年人简单获取与理解信息，平安顺利到达目的地。

①标识大小。相比普通标识牌，适老化标识牌的字号应适当增大，图文类首先要确保清晰、易辨识，文字宜采用粗细变化小且无装饰样式的字体，便于老人阅读（图4-83）。

②标识色彩。应增强标识文字与背板色的对比度，突出文字内容，使标识更清晰、易于识别。避免同时使用同色系颜色（深蓝、浅蓝）、颜色相近的类似色（红、紫红、洋红）、色盲色弱难区分的颜色（红、绿及蓝、绿）（图4-84）。

③位置要求。标识设置高度应该考虑老年人的身高、视线范围、视点高度以及轮椅使用者的视线范围等。研究数据表明，我国老年人的平均视点高度为1.5m，轮椅平均视点高度为1.15m，可结合以上数据设置标识牌。宣传牌、警示牌、公告栏可分别放在高位、低位，以满足不同身体状况老人的阅读需求（图4-85、图4-86）。

④设计要求。为避免产生眩光影响老人辨别标识内容，标识系统不应使用玻璃、不锈钢等容易产生镜面反射的材料，应尽量采用漫反射材料。

▲图4-83 适当增大字号，便于老人阅读

▲图4-84 文字与背板颜色对比强烈，更易于辨识

▲图4-85 放置在低位的宣传牌

▲图4-86 图文简洁的导视牌，便于老人获取信息

二、智能系统设计

1.优选的智能服务、介护软件系统

采用管理服务软件信息系统，实现管理服务信息及时传递。老人可使用人脸识别享受智能订餐、机器人送餐、报名参加活动、评估服务、反馈、投诉等特殊定制服务。通过介护管理系统，建立医疗、介护、康复、康乐等资源整合的管理系统，为老年人安度晚年提供医护保障（图4-87、图4-88）。

2.智能监控系统

无人巡航车是全天候、全区域智能化的无线定位监控系统，既能保障安全，又不会产生监视感，为老人提供安全保障。

3.智能化室外家具

比如智能音箱、全息投影设备、人体感应智能灯、温差探测器、可视对讲系统、指纹识别系统、室外智能健身器材等（图4-89、图4-90）。

▲图4-87 某养老社区中老人与机器人"交谈"

▲图4-88 为老年人提供医护保障的体感康复系统

▲图4-89 桃李春风康养社区入户可视对讲机

▲图4-90 室外人体感应智能灯

第三节　植物系统设计

环境与老人的身心健康、情感记忆有着紧密联系，随着社会对康养认知维度的不断升级，人们对养老社区环境的营造提出了更高要求，开始重视并关注植物环境对老人生理及心理健康的影响。借用植物元素改善老人健康状况，满足老人对大自然和田园生活的向往，已成为养老社区景观设计中的一个重要内容。因此，养老社区的植物景观设计应以满足老人生理、心理以及行为等方面对环境的需求为原则，营造多样化的户外空间。

一、安全性原则

要保证植物环境的安全性，避免选择有毒有刺、具有伤害性的植物品种，如海芒果、夹竹桃等；不选用对老人有害的植源性污染树种，尤其会对患有哮喘、支气管炎老人带来伤害的树种，如杨树、柳树、悬铃木、白蜡、油松等；可选择雄性无性系品种替代。

二、舒适性原则

舒适宜人的植物空间可以给予老年人极大程度的愉悦与放松。可从外部自然环境及老人生理、心理条件两方面出发构建舒适性环境，满足老人多维度的景观需求。

1.结合温度、光照、风等自然因子，打造舒适宜人的植物空间

①植物设计应充分考虑老人夏季对遮阴的需求。在养老社区的主要活动场地，应种植树冠浓郁的高大树种，构建舒适遮阴的林下活动空间（图4-91）。

②在种植设计前，应分析场地不同季节的风向、风力，遵循夏季通风、冬天避风的原则，利用植物形成夏季通风风廊、冬季挡风墙，保证空间的舒适性（图4-92）。

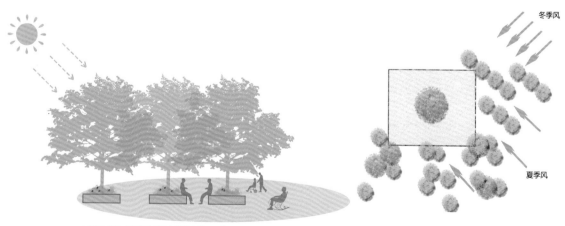

▲图4-91 场地选用遮阴树种，满足夏季遮阴需求　　▲图4-92 导风性植物种植示意图

2.强化老人对植物的感知，打造五大感官花园

（1）视觉型

① 植物选择

视觉型植物要保证形态及部位的观赏性。结合老年人的生理和心理特征，选取茎、枝、叶、花、果等色彩、形态方面视觉观赏效果较佳的植物，营造视觉体验丰富的环境空间。

a.植物色彩选择应以老年人易于察觉的黄色、橙色和红色为主，可弥补老年人辨色能力弱的问题，同时给予其积极的心理暗示（表4-2）。

▼表4-2 暖色系植物品种示例（不分地域）

颜色	植物品种
黄色	黄花风铃木、黄槐、腊肠树、黄金香柳、蜡梅、金蝉、迎春花、连翘、金缕梅、金丝桃、金苞花、金盏菊、菖蒲等
橙色	凤凰木、火烧花、白蜡、金凤花、小天堂鸟、月季、旱金莲等
红色	火焰木、乌桕、三角枫、五角枫、桃花、贴梗海棠、山茶、红枫、梅花、红花篝杜鹃、红绒球、龙船花、锦带花、大花美人蕉等

b.考虑到季节的更替，不同地域可利用不同的植物营造季节性植物景观，满足老人视觉观赏的需求。例如：华中、华东、华北、东北等区域季节分明，可重点打造季节性鲜明的植物景群。华中、华东等区域春天可选用樱花、碧桃、西府海棠等营造春花烂漫之景。夏日时节，荷花、月季、紫薇等争相绽放，老人可临湖赏荷，近赏月季、紫薇，感受花气袭人，让炎炎夏日消散在花丛中。秋风起，带来树叶的千变万化，如乌桕、三角枫、五角枫、朴树、银杏等，红的、黄的叶片，在秋风中摇曳不止，色叶林色彩的多变及丰富让人应接不暇。冬季，在雪的映衬下，红瑞木、山楂等更显绚烂。华南地区由于气候带的原因，植物景观四季变化不明显，常绿植物占比较大。为了突出季节性景观，可利用开花植物打破单调的绿色，如春季开花的宫粉紫荆、黄花风铃木、洋红风铃木等，夏季开花的腊肠树、凤凰木、大花紫薇、小叶紫薇等，秋冬季节开花的美丽异木棉、紫花风铃木等，通过合理运用开花植物，形成花林、花带、花境等植物景观，强化季节属性，给老人带来愉悦的感受（图4-93～图4-95）。

c.局部采用茎、枝、叶、花、果形态独特或者形态对比明显的植物，以提高老年人的视觉感知力（表4-3）。

② 种植设计

a.植物配置不要过于繁杂，品种不宜太多，要强调整体性。可以用少量的异色制造亮点，

▲图4-93 美国八福校园（beatitudes campus）
入户处种植红色开花植物，让老人易于察觉

▲图4-94 美国太阳健康养老院（sun health senior living）
花境植物以暖色调为主

▲图4-95 开花、色叶植物的运用丰富季相，增加观赏性

▼表4-3 观茎、枝、叶、花、果等植物品种示例（不分地域）

观赏部位	植物品种
茎	白桦、白皮松、象腿树、黄金槐、紫竹、黄金简碧竹、佛肚竹等
枝	黄金槐、龙爪槐、银芽柳、红瑞木等
叶	三角枫、五角枫、元宝枫、马褂木、银杏、琴叶榕、面包树、鸡爪槭、黄金香柳、红枫、紫叶李、金边黄杨、金叶女贞、红花檵木、黄金叶、蒙古栎、梓树等
花	凤凰木、黄花风铃木、紫花风铃木、早樱、晚樱、碧桃、垂丝海棠、腊肠树、梅花、蜡梅、籂杜鹃、金蝉、迎春花、金丝桃、金苞花、金盏菊、菖蒲、紫丁香、暴马丁香、山桃稠李等
果	柚子、石榴、芭蕉、木瓜海棠、枇杷、木菠萝、木瓜、黄皮、荔枝、山楂、火棘等
根	小叶榕、垂叶榕、落雨杉、水杉等
树形	红皮云杉、香樟、秋枫、人面子、小叶榄仁、南洋楹、乐昌含笑等

亮点必须统一于整体色块。在入口、转角、分岔口、入户等位置选用树形优美的树种，以简洁明确的配置方式进行种植设计，有利于提高老年人对位置的识别，为老人提供安全、可识别的生活环境。

b.植物设计应富有变化且有一定的规律，其产生的韵律美感可以帮助老年人调节情绪。此外，还需构建恰当的背景色来强调花、果、叶的颜色、大小、形状等，增强老人的视觉感受。

(2) 嗅觉型

芳香康疗保健植物会刺激人的嗅觉神经、减缓内心压力、消除疲劳等，具有一定的医疗保健功能，可以给老人带来心理、生理上的疗愈。芳香类植物运用需结合场地环境条件和使用人群特点来考虑，应避开对气味敏感、易过敏、呼吸系统较弱的人群。芳香类植物不适合在相对封闭的空间或疗养院等特殊区域种植，应种植在室外花园等开敞空间，根据场地大小及通透程度确定其种植体量及密度（表4-4）。

▼表4-4 常见康体植物品种（不分地域）

康体植物类别	典型代表植物
芳香类	松科、柏科、杉科、银杏、乌桕、桂花、白玉兰、紫玉兰、广玉兰、阴香、柑橘、柚子、蜡梅、樱花、丁香、茉莉、含笑、栀子、米仔兰、九里香、结香、瑞香、月季、玫瑰、牡丹、兰花、薄荷、薰衣草、天竺葵等
医疗保健类	松科、柏科、杉科、银杏、樟树、刺槐、枇杷、桂花、白兰、黄兰、含笑、乐昌含笑、飞黄玉兰、广玉兰、白玉兰、紫玉兰、丁香、海桐、九里香、胡椒木、薄荷等
杀菌杀虫、驱虫类	松科、柏科、槭树科、木兰科、忍冬科、桃金娘科、杏树、金桔、山苍子、辛夷、花椒、喜树、三尖杉、长春花、洋槐、蔷薇、月季、桑、皂荚、丁香、桦树、珍珠梅、沙枣、锦鸡儿、玫瑰、桦木、柠檬桉、柠檬、橘、酸橙、枳壳等
吸收有毒气体类	元宝枫、卫矛、银杏、侧柏、紫穗槐、水蜡、刺槐、银桦、月季、米兰、皂荚、紫藤、广玉兰、油茶、桑、泡桐、女贞、菊花、蔷薇等
吸收粉尘类	圆柏、元宝枫、银杏、泡桐、构树、女贞、丁香、紫薇、榆叶梅、珊瑚树、大叶黄杨、地中海荚蒾、红花檵木等

① 植物选择

a.不选用对老人有害的植源性污染树种，尤其是容易引起哮喘、支气管炎等呼吸道疾病的树种，如杨树、柳树、椿树等。

b.选择对人心理健康有益的植物。如散发芬芳、释放植物精气、抗污染力强或是能够营造发人深省意境的植物，如芸香科的柑橘、柠檬、九里香，松科的油松、白皮松、雪松，木兰科的白兰和含笑以及菊科、樟科植物等。

c.选择对人身体健康有益，具有康体保健、杀菌杀虫驱虫、能够吸收有害气体的植物。康体保健类植物，如栀子、蜡梅、米子兰、结香、桂花等；医疗保健类植物，如红千层、薄荷、白兰、黄兰、海桐等；杀菌杀虫驱虫类植物，如薰衣草、文竹、松柏类、丁香、柠檬等；吸收有毒气体类植物，如棕榈、蜡梅、女贞、山茶、侧柏、梧桐等。另外，需慎用有刺激性气味的植物品种，如石楠、盆架子等。

② 种植设计

a.以不规则的弧线型种植布局为主。在无其他条件限制的情况下，将体型较小的植物种植在靠近人的一侧，以增强游人与香气的接触效果。

b.注意植物的种植位置。提前确定风向，一般将芳香植物种植于顺风环境下。注意不同味道、不同浓度的芳香植物搭配，避免产生杂乱的味道（图4-96、图4-97）。

c.注意种植密度，芳香植物花香浓度的差异会影响人体舒适感的程度，并非浓度越高效果越好，应结合周围环境空间尺度，适度种植芳香类植物。

▲图4-96 美国犹太之家（the jewish home）休息区域周围种植芳香植物，刺激老人嗅觉神经，消除疲劳

▲图4-97 美国翡翠养老院路旁种植芳香植物，增加老人与香气的接触

（3）听觉型

植物声景的运用可以在刺激感官的同时，给人以亲近自然、融入自然的舒适体验，因此可定向选择一些与外界自然因子（如雨水、风、动物等）互动能产生声音的植物，打造自然、舒适的声景空间（如雨打芭蕉、风吹落叶、鸟叫虫鸣等），为老人的户外生活增添趣味（表4-5）。

▼表4-5 常见引鸟、蜜源植物品种（不分地域）

植物类别	植物品种
引鸟植物	枫杨、朴树、柳树、石榴、女贞、紫薇、大叶榕、香樟、构树、苦楝树、山茶、杜鹃、桂花、枇杷、樱桃、枫香、垂丝海棠、榆树、红叶李、接骨木、山楂、侧柏、白蜡、胡桃楸等
蜜源植物	荔枝、龙眼、枇杷、椴树、芒果、桃、李、山楂、凤凰木、山樱花、紫云英、薰衣草等

① 植物选择

a.可选择叶片大、粗糙的植物，如芭蕉、五角枫、枫香等，也可选用叶片小但树叶浓密的植物，如竹子、油松、水杉、落羽杉等，保证水滴能够大面积击打植物叶片，形成足够的声源。

b.选用蜜源植物吸引蜜蜂、蝴蝶采蜜，形成蜂鸣蝶舞的生动场景。

c.选择能为鸟类提供食物、栖息地的植物，吸引鸟类，丰富动态景观。

② 种植设计

a.声景植物建议运用在构筑物或者建筑物旁，方便老人在下雨时节身处室内或挡雨构筑物下就能聆听到大自然的声音。

b.蜜源植物、招鸟植物建议运用在场地边或者园路旁，方便老人驻足观赏、聆听。

(4) 味觉型

随着年纪增长，老年人的味觉会逐渐退化，但依然有对果实的味蕾记忆。看见或者品尝到果实和蔬菜，都会刺激到老人的味觉器官，为其带来愉悦的心理暗示（表4-6）。

▼表4-6 常见可食用植物品种（不分地域）

食用部位	植物品种
花	桂花、水蒲桃、玫瑰、菊花、荷花、薰衣草等
果	柿子、荔枝、龙眼、枇杷、石榴、芒果、柚子、桃、李、山楂、梅、木菠萝、银杏、芭蕉、葡萄、洋蒲桃、水蒲桃、樱桃等
嫩叶	茶等
树皮	肉桂等

① 植物选择

可选择花、果、嫩叶等可食用的植物品种，如水蒲桃、肉桂、石榴、向日葵等。

② 种植设计

可以利用当地特色果蔬打造以味觉体验为核心的果园、蔬菜园，让老人在游赏、采摘过程中品尝原汁原味的天然果蔬，为其带去愉悦的参与体验。

(5) 触觉型

老人常常通过抚摸植物去感受自然，如植物叶片表面的绒毛、柔软的花朵、坚硬的果实、粗糙的树皮等，都可以带来不同的触感体验，给老年人带来心理上的慰藉（表4-7）。

① 植物选择

a.选取不同质地的叶片类植物，如草质、肉质与革质类等典型代表植物，也可选择不同叶形的植物等。

b.选取无刺、强韧、不易损坏的开花植物和结果植物，以及树干表皮特别、奇特的植物品种。

② 种植设计

a.触摸型植物应种植在易于触摸的位置，并注意触碰部位的高度。

b.注重不同叶型、花色植物的搭配（图4-98）。

▼表4-7 常见触感型植物品种（不分地域）

植物类别	植物品种
乔木	构树、棕榈、广玉兰、梧桐、鸡爪槭、红枫、面包树、琴叶榕、合欢、斑克木、栓皮栎、槲栎、南洋杉、黄檗等
灌木	红绒球、香水合欢、枸骨、桂香柳、黄栌、银芽柳、黄杨、迎春、龟甲冬青、结香等
草本	龟背竹、春羽、银叶菊、蒲公英、含羞草、地肤、粉黛乱子草、羽毛草、棉毛水苏、鸢尾、红尾铁穗苋、沿阶草、酢浆草、金鱼草等

▲图4-98 美国犹太之家休息场地旁种植
不同叶形、质感的植物

▲图4-99 美国太阳城老社区植物围合的
休闲娱乐场地

三、地域性、场景化原则

植物具有地域性及文化性，植物的配置可以产生特定的地域文化，而特定的植物组成的特色景观群落又形成了特定的情景。人们因为特定的植物品种或群落产生特定的行为习惯，进而形成情景化的景观。如：大榕树下老人乘凉，邻里话家常；竹林旁三五好友下棋、打麻将娱乐等。养老社区设计可针对老人思念家人、内心孤独、渴望邻里交往的特点，利用典型的地带性植物塑造熟悉的地域景观，给老人提供一个可情景化的场地，营造一个可交流的空间，帮助其排解内心的孤独寂寞。例如，美国养老社区太阳城大酒店以当地乡土植物为主，营造出极具乡土气息的家乡氛围，为老人提供熟悉的活动空间（图4-99、图4-100）。

场景化营造可结合空间设计来打造。如通过对视线的分析，适当打开视线廊道，保证视廊不会被植物或构筑物遮挡，便于老人远眺观景或与路过的邻居打招呼。同时，可在老人的行走路线、观赏点种植低矮植被，让老人近距离感受植物的花、叶、茎等形态。

▲图4-100 美国太阳城大酒店通过种植当地的乡土树种，营造出浓厚的地域景观氛围

1.植物选择

地域性典型代表植物。

2.种植设计

根据老年人的公共生活需求，利用地域性植物模拟各地典型的场景式植物景观，实现景观场景化、生活景观化，让不同需求的老人都能找到属于自己的活动场地，参与到户外公共生活中。

四、互动性原则

随着年龄增长，老年人活动方式受到自身以及外界的各种限制，可参与的活动类型越来越少。为使老年人获得多维的感官体验，尝试更多的活动类型，同时考虑到老人喜爱摆弄花草的行为特点，养老社区可设计花艺操作台，种植一定的药用或者果蔬植物，让老年人参加园艺种植活动，利用过去掌握的技能找到一种归属感与参与感（图4-101）。

▲图4-101 美国犹太之家的园艺展示及操作台

1.植物选择

①可食用的果蔬植物。

②全株可入药的中草药植物。

2.种植设计

①按地域、季节属性确定果蔬品种。

②参考中药文化内涵，选择药用植物，并根据其对人体不同功能系统的作用进行分块种植，形成中草药园，在科普中草药文化的同时，为老人提供一方可沟通交流的养生小天地。

五、季节性原则

老年人历经岁月洗礼，更懂得时光易逝、光阴难留，渴望在日常生活中寻找一些有记忆点或亮点的景观来点缀晚年生活。养老社区植物设计可基于老年群体的这个特点，种植季节性主题植物，形成具有地方特色的高品质观赏植物空间，如大片花林、色叶林、花海、花境等植物空间，供老人摄影、拍照打卡或休闲漫步等。这样会让社区老人产生对不同季节的企盼，丰富其日常生活，使其在自然风光中增进身心健康（图4-102~图4-104）。

1.植物选择

①季相变化明显、观赏性高的开花和色叶植物。

②低成本维护、耐观赏的花境植物。

2.种植设计

①大规模成片或带状种植开花和色叶植物，形成花林、色叶林、花海、花带景观。

②在老年人可近观的节点区域，适当设计精致的花境景观。

▲图4-102 德国历史康养度假公园，樱花盛开时老人在林间休闲漫步

▲图4-103 德国历史康养度假公园花境景观

▲图4-104 普达阳光国际康养度假区花海景观

第四节　景观场景设计

一、综合场景类

综合性活动区是社区内使用频率最高的活动场所，在尺度上有大小不一的场地空间，既能满足个人活动需求，又能容纳多人共同参与公共活动，为老人提供了选择余地。根据场地空间大小及客容量指数，可规范其具体场景功能及活动形式（表4-8）。

▼表4-8 综合场景的功能空间

名称	客容量（人）	面积（m²）	功能分类	活动形式
中心广场	>10	>250	大型活动 多人聚集	太极、舞蹈、瑜伽及表演
宅间空间	1~5	20~250	观赏闲聊 放松休闲	运动及会友
附属空间	1~10	10~20	特色活动	棋牌、文艺及聚会

1.中心广场

中心广场是养老社区中人气的汇聚地，规划宜靠近社区会所及服务中心，空间宜为开敞式，围合范围不宜大于场地周长的45%。作为整个社区的核心，其功能主要为凝聚人群，使人与人、人与景互动，营造出理想的社区文化氛围。

中心广场不仅满足了不同人群的使用需求，其布局形式也极大地丰富了社区的空间形态。较常见的形态有聚合式、广场式、围合式和舞台式（图4-105~图4-110）。

2.宅间空间

宅间空间主要为老人提供相对私密的场景，场景中规划较灵活的空间，满足老人品茗遛鸟、下棋对弈等需求。

对宅间空间进行布置时，除了要保证场地可达性、出入的便利性外，还应充分考虑一定的私密性，围合高度尽量控制在1.2~1.8m，避免外界对内部环境的影响。同时，每个宅间空间场地的座椅应沿空间边缘布置，且设置两个以上的无障碍座椅位为宜。

在场地主要的视点可设置各种活动空间及景观节点，如主视点可设置孤植观赏树或可闻花香、观果实的树木等（图4-111~图4-117）。

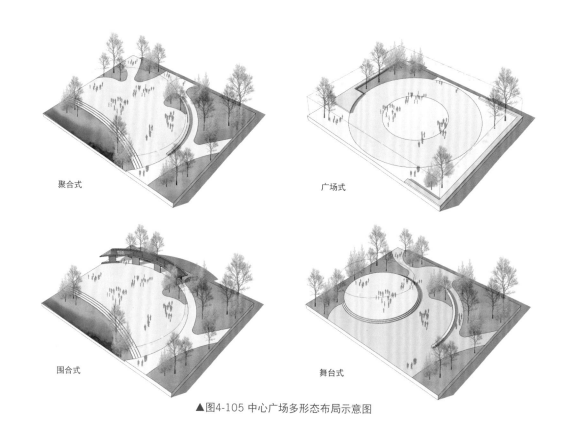

聚合式

广场式

围合式

舞台式

▲图4-105 中心广场多形态布局示意图

▲图4-106 恒大康养类项目"兴宁明珠健康城"中心广场平面图
（中心广场位于社区的核心区域，衔接建筑与周边各种功能）

▲图4-107 兴宁明珠健康城中心广场聚合式设计示范

▲图4-108 珠海市香洲区社会福利中心的中心广场

▲图4-109 泰康之家·申园的中心广场为主建筑的中庭
（围合式布局）

▲图4-110 泰康之家·蜀园的广场式空间设计

▲图4-111 设置于漫步路上的宅间空间，
便于老人观赏周围景观

▲图4-112 通过座椅的组合设置，
方便老人进行交谈和活动

▲图4-113 林下环境的空间设计

▲图4-114 近水岸的空间设计

▲图4-115 连廊间的空间设计

▲图4-116 位于空间中心的孤植观赏树

▲图4-117 利用花香观果景观构成的宅间花园

3.附属空间

养老社区需要提供有户外娱乐功能的附属空间，满足老人进行下棋、品茶、书法绘画、文学创作、制作工艺品等活动需求，规模可以根据社区大小、用户需求进行灵活设置。对于面积较小的养老社区，可将附属空间与宅间空间整合设计，甚至融入中心广场，形成较大的弹性空间，提高空间的利用率（表4-9）。

场地内种植选用高大、分枝点高的落叶乔木为主，以满足夏季遮阴、冬季沐阳的需求。周围以季相森林或季相花林为主，为住户提供一个可活动、可静赏的公共空间（图4-118~图4-120）。

▲图4-118 设置于林间的茶艺花园

▲图4-119 设置连廊方便诵诗观鸟

▼表4-9 各功能区对应面积

功能区	活动	选址对于面积的影响	
		中心组团	区域组团
茶艺	喝茶、交谈		
冥想	禅思、冥想		
棋艺	棋艺交流	20m²（多个）	10m²（多个）
文艺	展示、故事会		
观景	观景	10m²（多个）	—

▲图4-120 利用建筑延展的连廊灰空间，设置听琴品茗花园

二、康体场景类

老年人在身体素质允许范围内，每天进行至少30min的有氧运动，可增强体质、健脑及改善睡眠。增加运动器械的趣味性及场所的景观性，可避免老年人长时间使用产生乏味感。此外，考虑到运动的安全性要求，运动的起始点应设置相应规模的热身区，满足在锻炼前及运动后做热身运动的需求，避免运动带来损伤。

1.运动道路

运动道路是老年人使用频率最高的康体类设施，健跑、散步也是老年人最喜爱的日常户外活动。根据其使用的独特性，养老社区中的运动道路设施可分为漫步路与慢跑道两类。

（1）漫步路

以步行为主的漫步路，考虑其遮阳避雨的需求，全段内不宜设计阶梯，局部段落可设置扶手，方便需要复健训练的老人使用。在景观面积有限的社区，漫步路还可与主要交通道路结合，串联起景色优美的节点、活动功能空间和建筑主要出入口，既能承载日常交通功能，也能方便锻炼的老人。从道路的趣味性考虑，在满足安全要求的前提下，还可以设计起伏的路径及弯道，适当增加漫步难度，以帮助老人达到锻炼的目的；采用不同材质铺装，增加脚底触感，使老人在漫步的同时也能感受自然的乐趣（图4-121~图4-124）。

▲图4-121 在竹林景观之间设置的漫步路

▲图4-122 设计起伏的路径及弯道，增加漫步难度，帮助老人达到锻炼目的

▲图4-123 漫步路与风雨连廊结合，廊下设计趣味性场景

▲图4-124 带有复健设施的漫步路

（2）慢跑道

根据社区规模及环境规划成环状空间，宜结合林地空间、水岸空间及中心景观区布置。慢跑道可设置不同的赛道、布置不同的提示信息，如针对不同年龄和身高的步幅提示、圈数提示、景观提示、天气提示、污染指数提示等。

此外，跑道距离建筑外窗宜大于5m，在跑道的制高点或视线开阔点应设置安全巡视区，使管理人员及看护人员能及时观察到老人的活动，从安全角度考虑，建议以500m为一个阶段设置调整区域（图4-125~图4-127）。

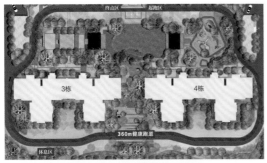

▲图4-125 环形慢跑道平面图

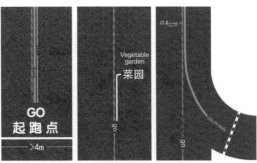

▲图4-126 跑道上的导视设计

▲图4-127 结合复健设施的慢跑道（环跑径）

2.健身场地（运动器械类）

健身场地是老人进行户外健身与康复活动的主要场地，也是一个成功养老社区的必要设施。健身场地要满足不同年龄、性别、身体状况的老人的使用需求，场地器械应按类别选择布置。

健身场地可分为运动区与休憩区两大类。运动区设置的各式健身器械主要分为调节型健身器械和复健型健身器械两类，根据用地面积按2:1布置即可。健身器械选型需符合人体工程学设计，不宜选用单杆、双杆、天梯、秋千、助木等上下运动弹跳或可能从空中运动跌落的器材，且其运动地面应为松软或富有弹性缓冲的地面，并设置相关救护系统。复健型健身器械可以按照体能训练及认知训练选择，并增加使用轮椅的老人可操作的器械，为老人提供康复训练的功能空间。休憩区的空间场所应开敞而温暖，满足日照要求，可设置花廊供老人休憩、闲谈。

从安全性考虑，园路应避免穿插运动场地，且与运动场地保持大于3m的安全距离，器材距场地边界大于1.5m，相邻器械之间的净距离大于2m。为方便社区老人就近使用，可采取分散式布置形式，将不同类别和功能的器械分类摆放，以方便不同使用需求和不同身体状态的老人使用（图4-128）。建议上下肢体锻炼器械分别不少于1个，但最终数量应根据场地大小决定。场地以肢体活动器械为主，上肢主要锻炼老人的协调性及专注性，下肢主要锻炼其协调性、核心控制及腹部肌肉。

集中布置的场地，设计要满足各类老人的健身需求，活动器械应配置齐全，整体空间要划分活动区、休息区和残疾人车道，并配备一定的休闲配套设施（图4-129、图4-130）。

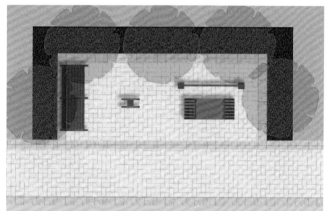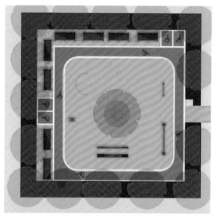

▲图4-128 分散式布局的一个小型健身场地　　　▲图4-129 集中式布置的大型健身场地

▲图4-130 布置各种运动器械的健身场地

三、颐养场景类

"老人友好社区"以打造一个安全舒适、可安放身心的归属之地为宗旨，将生活中的记忆与现代养老环境相结合，在空间里还原品茶、遛鸟、听戏等老一辈人熟悉的场景，让老人置身其中犹如日常，并从食、住、养、娱、护五大方面，让他们体验"老有所学、老有所依、老有所养、老有所乐、老有所护"的老年生活乐趣。

为达到这一目标，设计可通过规划感官环境，刺激人体机能的五感区，利用自然发生源刺激听觉，利用不同的材质刺激触觉，利用药用芳香植物刺激嗅觉，从物理疗养、心理疗养、自然疗养着手，打造能够缓解压力、安抚情绪、恢复精神和复建心灵的空间。

1.物理疗养

物理因子治疗的发展和进步丰富了疗养学的治疗手段，它是应用天然或人工物理因子的物理能，通过神经、体液、内分泌等生理调节机制作用于人体，达到预防和治疗疾病、促进康复、增强体质的目的。在缺乏海水、矿泉等自然疗养因子的养老社区，可运用人工物理因子来提高疗养及康复效果。

物理疗养的常用方法包括：水疗（对比浴、旋涡浴、水疗运动等）、冷疗（冰敷、冰按摩等）、热疗（热敷、蜡疗、透热疗法等）、声疗（治疗性超声波，频率为45KHz~3MHz）、光疗（红外线光疗、紫外线光疗）、压力疗法等。

（1）水感疗养园

物理疗养中的人工水疗需要配备专业人员特殊护理，选址应依附社区会所或疗养中心规划。水感疗养园在设计中，室外静态水体以不同深浅、形状的水池形成供人使用的静水面，水池处理形式多样，可分为小面积水池、宽阔面水池、蜿蜒的水池等，水池形态有矩形、方形、圆形、阶梯形、不规则线形等。此外，具有景观性的水池空间，可通过种植植物、放置鹅卵石来增强观赏性，具有疗养功能性需求的水池应满足规范要求，在条件允许的情况下宜选择恒温泳池（图4-131、图4-132）。

▲图4-131 人工泳池水疗　　　　　　　　　　▲图4-132 温泉水疗

室外动态水体具有极强的理疗作用和观赏作用。具有理疗作用的空间应根据不同的疗效来设计水体类型，根据其动态特征可分为以下类型：

①喷涌型——以大小高低不同的水柱形成具有击打作用的水体，有刺激人体穴位的功效。

②喷溅型——水体以水线、水幕形式向四周喷溅，可模拟自然雨水形态，不仅具有景观效果，还有一定的心理治疗功效。

③落水型——在水疗设计中指自较高处通过不同处理方式落下的动态水体类型，有刺激人体穴位的功效。

④浪纹型——以物理水压推动水体，形成波动能，增强水体阻力，利于下肢的复健。

自然水疗具有较强的自发性，选址应从安全便捷、有吸引力出发，易选在中心景观区（景观湖面）、建筑边沿（景观鱼池）、林间（溪地、河道）。从社区整体规划出发，可分为导向、分隔、点缀、镜像四大作用的水体。

①导向性：发挥水系的引导作用，用水面、水系连接起各个景点，让人沿着水系观赏景观。

②分隔性：利用水系和其他屏障，进行景观空间分割，以达到拉长观赏路线、丰富观赏层次及内容的目的。

③点缀性：水系的点缀可使空间充满生机，更加丰富多彩。

④镜像性：水系产生的倒影，增加了园景的层次感；水的深浅、动静变化，使园区的景观更加活泼。

水系在园林中随着地形变化而变化，使空间更多变，山水相依、水石相映等别样美景，为居住区创造出独特的生机场景（图4-133、图4-134）。

水岸线应充分考虑安全性，设计合理的安全防护设施和紧急救护设施。在河道及溪流的设计中，宜结合阶梯设计选择湍流的自然叠水，再搭配丰富的植物，不仅效果佳且兼顾排水功能。

水岸线安全设计要求：①自然岸线应设计安全平台，且平台面宽大于3m，空间局限区域应设置安全护栏；②对于面积较大的水域应设置救护平台，平台间距不宜大于200m，且应满足两人同时操作需求；③人工水体近岸2m范围内的水深应小于0.7m，空间局限、不满足2m要求的应设置安全护栏，同时桥体结构应设置栏杆；不设计栏杆的水岸2m范围内的水深不得大于0.5m；④硬质驳岸、景桥侧面高度大于0.7m时，应设置大于1.05m的护栏。

▲图4-133 水面倒影山石景观

▲图4-134 禾草岸边的生态景观

(2) 音律疗养园

音律疗养可分为传播式和自发式两类。传播式主要是以自然物向外界传播输出音律，如风声、水声、鸟鸣等，对于该类场景设计，结合主要景观节点规划供人停留的空间即可。自发式主要为人体有意或无意敲击物体形成的音律，发声的场所应注意场地的围合，避免形成噪音（图4-135、图4-136）。

音律疗养场景应根据特定功能进行环境规划，根据场所来确定音律疗养主题，以达到不同的疗养功效，如河流清悠的水声可舒缓急躁情绪、林间愉悦的鸟鸣可洗涤冥想后的心灵（图4-137）。自然声源有水声、鸟声、风声及人无意识发出的声音；人工声源主要为规划的背景发声源，应根据社区场景选址确定合适的声音类型（表4-10）。

▼表4-10 不同场景适合的声音

类别		场景	适合的空间
自然声源	水声	溪流、瀑布	
	鸟声	岸边、林间、草地	疗养类活动空间及综合类活动空间，如棋牌区、交流空间等
	风声	林间	
	人声	儿童嬉戏、轻语	健体类活动空间，如运动场地、儿童乐园等
人工声源	音箱	—	各类活动空间

▲图4-135 自发式发声：装置声源场景

▲图4-136 传播式发声：竹林风声中的休闲场景

▲图4-137 珠海市香洲区社会福利中心屋顶花园的逗鸟休闲区

（3）光韵疗养园

研究显示，对于年龄增长带来的失眠、健忘及阿尔茨海默病（AD）症状，通过白天增加蓝—白光（bluish-white light）暴露时长能有效促进睡眠，增加对生物钟昼夜节律的刺激，4周后可显著改善睡眠质量、效率以及睡眠总时间，减少抑郁和激惹状态。因此，规划可供日晒的空间及步道，夜间在公共区设置光强为300~400lux、色温高于9000K的低强度蓝—白光源，能避免场景环境产生阴湿之感。

因人体昼夜节律系统对短波（蓝）光更敏感，社区规划可结合场景空间打造光感的变化，使用低强度、靶向性的光疗，巩固和促进老人夜间睡眠，增加其白天的觉醒状态，减少夜间激惹（图4-138、图4-139）。

▲图4-138 在植物组团及疏林草地间搭配有情趣的点状光线，可活跃单调的植物组团，使老人心情愉悦，达到林间情景光疗的作用

▲图4-139 在活动广场上投射有跃动感的灯光，使老人的心情随光线的变换而变化

2.心理疗养

心理疗养主要是通过设定特定的环境，让老人与动物及儿童进行情感沟通，来达到心理疗养的目的。儿童和动物均可为老人提供情感支持和心理安慰，使其在活动过程中实现身心的治愈。

（1）宠物园

宠物园场景俗称"宠物心理疗法"，属于动物疗法（zootherapy），指通过饲养动物的方式进行心理治疗。它通常只是作为一种心理治疗的辅助手段，或者作为其他形式心理治疗的准备步骤。

宠物心理疗法实施的具体方法为：先让患者抚摸动物并与动物说话，进而鼓励患者与人交往，以改善患者与人接触、讲话的能力。该疗法对于老年孤独症、抑郁症、情感淡漠和处于焦虑状态的患者，都具有激励生活乐趣及改善心境的治疗作用。治疗采用的动物应依据患者的爱好选择，一般挑选对人无害的、驯服的动物，如狗、猫、鸟类和各种观赏鱼类。

　　宠物园场景面积应根据项目规模及所在区域设定，小型空间不宜小于200m²，大型空间不宜大于800m²。场地宜设置在有充分日照的草坪区域，并与周边环境相融合。距离最近的住宅窗口应不小于20m，避免其产生的噪音和气味等对其他居民生活产生影响（图4-140）。

　　从安全要求出发，宠物园场景边界需用高1~1.2m的围栏与绿篱结合的形式进行围合，为了便于管理，建议入口不多于2个。场地内部应规划收集箱和沙地厕所，铺设细沙，便于专业人员清理；同时在休憩交流区布置宠物粪便收集箱，便于宠物便后收集清理。休憩交流区除设置成品座椅外，还应设置无障碍座椅排放区，便于乘坐轮椅的老人使用。

　　宠物园的整个场地功能可分为休憩交流区、互动区、训练场以及趣味跑道。宠物主休憩区宜设置养宠交流展示栏，便于丢失宠物认领、宠物婚配信息公布等。出入口要保证宠物出行顺畅，且需设置防止宠物逃逸的安全门。区域型乐园内的休憩交流区宜放置休闲廊架及树池坐凳等设施，便于主人休憩及相互交流时使用。宠物训练区内部应设置训练宠物能力的相关器械，以满足人与宠物之间的互动以及宠物自身丰富的活动需求（图4-141、表4-11）。

▲图4-140 宠物园区域平面示意

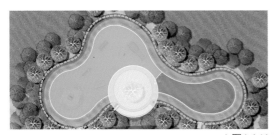

▲图4-141 宠物园分区图

	功能区	活动
	休憩交流区	看护、交流、休息
	趣味跑道	互动、训练
	互动区	互动
	训练场	互动、训练
—	绿化隔离	—

▼表4-11 宠物训练区需设置的训练宠物能力的相关配置

序号	设施		功能			备注
			大型	中型	小型	
1	功能分区	休憩交流区	√	√	√	
		趣味跑道	√	—	—	
		互动区	√	√	●	
		训练场	√	●	—	长度120m（最小长度不宜＜100m）
2	元素配置	器械	沙坑	√	√	—	
			爬梯	√	●	—	
			独木桥	√	●	—	
			跷跷板	√	●	—	
			宠物隧道	√	●	—	
			S型绕杆	√	●	—	
			跨栏	√	●	—	
		休闲廊架	√	●	●	
		坐凳	√	√	●	
		树池	√	●	●	
3	配套设施	园林灯具	√	√	√	
		垃圾桶	√	√	√	
		成品休闲家具	√	●	●	
		粪便收集箱	√	√	—	
		清洗池（含洗手池）	√	√	●	
		宠物饮水点	√	√	—	
		智能呼救系统	√	√	√	
		驱蚊灯	√	√	√	

注："√"为基础配置，"●"为可选配置，按项目需求选择；"—"为不选择配置。

（2）童趣园

童趣园要考虑儿童活动产生的嘈杂声对附近居民的影响，距离最近住户应不小于20m，场地宜设置在中心组团区域或阳光充足、景观性强的区域，对老年人步行路线没有明显的干扰。

童趣园场地面积应根据项目规模设定成自由式布局，且结合不同年龄段（0~3岁、4~6岁、7~12岁、中老年健身）的需求设置各类空间，色彩应以明快的色调为主，以此促进儿童视觉发育及刺激老年人视觉神经。童趣园周围应进行植物围合，高度宜控制在0.9m左右，且在监控视线范围内，不可种植遮挡视线的树木，便于管理人员进行安全巡视（图4-142）。

童趣园应强调老人与儿童两类使用者的交流与互动，规划能调节老年人心情的舒缓空间，分区可按互动交流区和舒缓区划分场地（图4-143、图4-144）。

▲图4-142 桃李春风（童趣园）

	功能区	活动
●	互动交流区	体能互动（4~6岁）
●		益智交流（7~12岁）
●	舒缓区	休憩
—	绿化隔离	—

▲图4-143 童趣园分区

儿童活动场地应根据不同的年龄段选择游乐设施。0~3岁的儿童活动能力与安全意识较弱，需要较多照护，活动场所不宜与老人活动空间共同规划；4~6岁的儿童自主活动能力较强，且有较独立的思想，能带动他人情绪，活动场所适合与老人活动空间共同规划；7~12岁的儿童性格独立、自主活动能力强，有解决突发事件的能力，可规划有互动功能的活动场所（表4-12）。

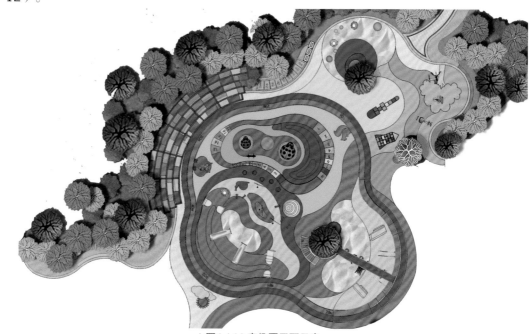

▲图4-144 童趣园平面示意

▼表4-12 儿童与老人互动契合度分析

年龄段	设施	功能	与老龄活动契合度
0~3岁	启蒙墙	涂鸦、识图墙（翻转拼图）	20%
	沙池	亲子互动	
4~6岁	微地形	钻洞、爬行、滑梯	80%
	跳房子	跳跃	
	感应系统	感应灯光、感应发声体	
	跑道	奔跑	
7~12岁	攀爬设施	攀爬	50%
	棋牌、脑力游戏	益智互动	

3.自然疗养

自然疗养是主要通过植物等自然元素提高老人的参与性，增强其心理的归属感，既能满足观花、观叶及观果的需求，又可提供休闲健身及交流娱乐的场地。在满足功能需求的基础上，设计主要提供静坐、冥想及放空的空间，通过植物疗养使老人身心舒畅、享受静谧时光。

(1) 修剪园

修剪园应选址在阳光充足、水环境良好的场地，宜设置一个出入口，方便管理围护，并配备入口景墙、盆景背景墙等营造氛围。其展示形式分为盆景展示墙和盆景陈列台两种，其中盆景展示墙宜沿场地边界分布，在入口区应设置主景墙，展示墙高度不宜大于2.2m，宜分为1.5m、1.0m、0.8m及0.3m四个不同高度（图4-145）。

盆景陈列台宜根据展示品种分区块布置在场地中，规格大小主要有：①特大型展示区盆景，盆中游高度宜大于1.5m；②大型展示区盆景，高度宜控制在0.8~1.5m；③中小型展示区盆景，高度宜控制在0.1~0.8m；④微型展示区盆景，高度宜小于0.1m。

修剪园内宜包含大型盆景展示区、中小型盆景展示区、微型盆景展示区、盆景造型DIY区及盆景交流区五个区域，各区域建议配备储物柜、洗手池、操作台等。修剪植物应选用姿态优美、株矮、叶形小巧、寿命长、耐修剪、抗性强及易于造型的植物。此外，还可用混合搭配的排列形式，满足老人日常对园艺植物进行造型、整型修剪及盆景品鉴交流等需求（图4-146、图4-147）。

▲图4-145 盆景展示墙

▲图4-146 盆景园

▲图4-147 微型盆景展示区排列形式

（2）芳香园

芳香园应设置在较安静的场地边缘，以中心园林景观区或离湖体较近的位置为宜，面积应根据项目规模及所在区域设定，尽量控制在200m²左右。芳香园可整体采用自由式种植和片植花卉两种形式，以营造简洁大气、优雅浪漫的花海景观。园内道路应分级设计，主路线宽度2m（可供轮椅使用者通过，进行游览、摄影等活动），次要路线宽度0.9~1.2m，花卉养护种植路线宽度0.3~0.6m，便于栽植后的养护管理。

除了普通植物配置场地外，还应结合社区需求规划玻璃花房、一米花园、螺旋花园、锁孔花园等形式，为社区居民提供能进行各种活动的场所，让老人从实践中体验园艺的乐趣。

① 玻璃花房

玻璃花房主要分为种植区与休闲区两个区域。种植区应设在朝阳位置。在冬季阳光稀少的位置需要设置可移动置物架，置物架上的植物应以盆栽植物为主，选择好生长、易打理的品种。在墙面及离杆位置可以种植攀爬植物。休闲区可结合花房的种植品种，设置相应主题的芳香疗养区。在休闲区内还可设置色调柔和、舒适的休闲座椅或沙发，以发挥心理疗养的作用。

② 一米花园

设置大概边长为1m的方形种植地，将种植区划分成不同的区域，分配给社区居民种植不同的植物，旨在以参与性强的互动方式调动老龄群体的活动积极性（图4-148、图4-149）。

▲图4-148 美国某养老机构的一米花园

▲图4-149 小区庭院的一米花园

③ 螺旋花园

螺旋花园的概念来源于可持续的公共花园设计理念，其中提到的完全自给自足的植物生存构筑，引入到园林中可作为一种立体空间的园艺设计。这一向上的螺旋形态，能在很小的空间里为植物打造微气候，满足不同根系、不同阴湿喜好及日照喜好的植物生长需求（图4-150、图4-151）。

螺旋花园的概念运用在园林中，可以不受空间限制。螺旋线确定后，沿线铺上岩石或砖头，确保螺旋上侧朝向阳的一面，使高处的植物为低处的植物提供遮挡。此外，在植物种植上，螺旋花园遵循喜干喜阳的植物在顶部、根浅喜阴的植物在底部的原则（表4-13、图4-152）。

▲图4-150 螺旋花园系统——IIDA的概念建筑设计

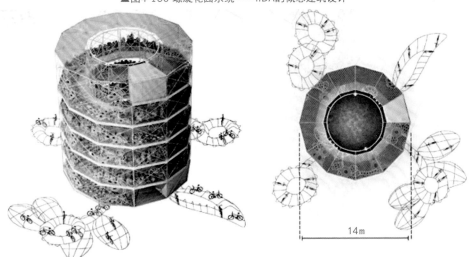

注：螺旋花园系统是一个可持续的公共花园，能完全自给自足。该结构的透明材料装饰了都市景观，增加了都市人生活的乐趣，原生植被在温室内沿着人行道而立，昭示着城市的果园与城市并存。

▲图4-151 螺旋花园系统——IIDA的概念建筑设计

▼表4-13 螺旋花园顶部与底部的植物分布情况

位置	品种	备注
顶部	迷迭香、薰衣草、百里香、牛至等	根系深且喜阳的植物
底部	多肉植物	根系浅且喜阴的植物

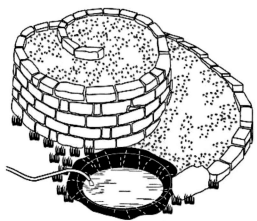

▲图4-152 螺旋花园设计图与实景图

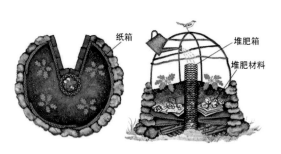
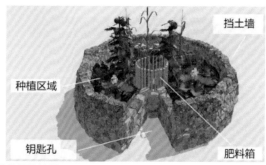

▲图4-153 锁孔花园设计图

▲图4-154 在锁孔花园能更好地观察多肉植物的生长

▲图4-155 2019年切尔西花展中的金斯顿·莫沃德花园运用了锁孔花园

④ 锁孔花园

锁孔状的设计特别适合让一个人站在锁孔中间去观察植物，这样会让人产生一种被植物环绕的感觉，起到较好的心理疗养作用。U型土丘形成丰富的朝向和干湿区域，适合多鲜花的混种，这样能有效利用各种植物的特性减少病虫害侵袭，满足植物的多样性种植原则（图4-153~图4-155）。

（3）果蔬园

果蔬园宜选址在与周围园区连接良好、交通便利的地方，建议选择园区下风向的边缘位置，以减少气味对社区空气的污染及人为活动对苗木的影响。

果林宜规划在场地外围，与外部环境隔离，周围环境需日照充足、通风良好。场地主通道宽度应不小于2.1m，次通道宽度应不小于0.9m。场地内应设置两个以上轮椅停放处，且在每10m范围内设置座椅。

果蔬园为自由开放式场地，面积根据项目规模及所在区域而定。场地内可增加休憩空间，包含育苗科普区、种植互动区及休闲观赏区三个区域，为社区居民提供体验耕种劳动、科普教育的场所。其中，种植区可分为地面种植、抬高花箱种植及悬挂式种植三种模式（图4-156、图4-157）。

▲图4-156 采摘园模块示意图

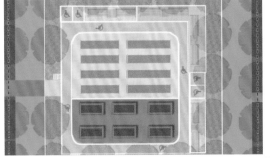

	功能区	活动
●	休憩交流区	交流、休息
●	地面种植区	
●	花箱种植区	种植、采摘体验
●	悬挂种植区	
●	果林区	—
—	绿化隔离	—

▲图4-157 采摘园分区图

　　根据种植的品种可分为果林、菜地、百草园等类别。果林可以通过行列、片式或组团形式进行种植，营造果园氛围，形成具有互动性、参与性的果园体验采摘区。菜地或百草园可合理划分种植地块，选择根菜类、茎菜类、叶菜类、花菜类、果菜类等植物作为场地的主要种植材料，按照行列或斑块式种植，形成阡陌田园的景观（图4-158～图4-162）。

▲图4-158 草坪中的菜地

▲图4-159 菜园阳光棚

▲图4-160 庭院小菜园

▲图4-161 藤本菜园

▲图4-162 珠海市香洲区社会福利中心屋顶花园的有机农场

（4）水生园

水生园宜设置在人工湖边缘，在湖边形成最佳滨水互动景观。水生园可以与水疗、溪流、中心水景结合设计，既能满足各类疗养需求，也可作为观赏节点（图4-163～图4-165）。

水生园场地面积应根据社区规模设置，与湖区结合的场景面积宜大于500m²，与溪流或生态洼地结合的场景面积应小于500m²，布局形式多为自由式。水生园根据需求可设置水生植物展示区、栈道活动体验区、休闲采摘区、水上活动体验区及驳岸码头五个区域。

水生园将水生植物作为重要元素融入其中，可打造一种集观赏性、互动性、参与性、生态性于一体的滨水景观。水生园区应由物业统一进行维护、管理，并组织开展采摘等水上体验活动。

▲图4-163 在水生园采莲

▲图4-164 在水生园赏鱼

▲图4-165 水生园可进行垂钓

参考文献

[1] 肖游. 全国老龄办发布《中国人口老龄化发展趋势预测研究报告》[J]. 人权, 2006(2):1.

[2] 陈彬. 我国人口老龄化趋势及其影响[J]. 中国科技投资, 2016(18):13-16.

[3] 国家统计局. 第七次全国人口普查公报(第五号)[R/OL]. (2021-5-11)[2021-6-11]. http://www.stats.gov.cn/tjsj/tjgb/rkpcgb/qgrkpcgb/202106/t20210628_1818824.html.

[4] 仝利民. 老年社会工作[M]. 上海: 华东理工大学出版社, 2006.

[5] 刘雯雯, 田青. 养老社区康复景观设计研究: 以兰州白家坪银河人家为例[J]. 现代园艺, 2019(9):4.

[6] 陈思清. 适老性森林康养基地设计研究[D]. 北京: 北京林业大学, 2020.

[7] 梁珊, 任杰, 王淑芬. 感官花园设计方法初探[J]. 农业科技与信息: 现代园林, 2011(10):3.

[8] 曲艺. 养老院户外康复性景观规划设计研究[D]. 合肥: 合肥工业大学, 2016.

[9] 高恩显. 现代疗养学[M]. 北京: 人民军医出版社, 1988.

[10] 郑名烺, 李巧, 张勇, 等. 深圳市福田区65岁及以上老年人健康状况与卫生服务需求分析[J]. 中国社会医学杂志, 2018, 35(1):87-90.

[11] 赵瑞芹, 宋振峰. 亚健康状态的起因与对策[J]. 中国卫生政策, 2001(1):48-49.

[12] 张新生, 龚美华. 我国养老产业的转型和优化路径[J]. 中外企业家, 2014(7):2.

[13] 张博. 智慧健康养老产业发展困境与出路: 基于有效供给视角[J]. 兰州学刊, 2019(11):10.

[14] 唐忠新. 构建和谐社区[M]. 北京: 中国社会出版社, 2006.

[15] 赵晓征. 养老设施及老年居住建筑: 国内外老年居住建筑导论[M]. 北京: 中国建筑工业出版社, 2010.

[16] 林崇德. 心理学大辞典[M]. 上海: 上海教育出版社, 2003.

[17] 周洪涛, 吴旭阳. 严寒地区居住小区夜景照明适老化设计研究[J]. 建筑与文化, 2021(5):31-32.

[18] 滕学荣, 程婉晴. 适老化导向标识设计研究[J]. 艺术与设计: 理论版, 2017(4):3.

[19] 周洪涛, 徐阳. 居住区室外照明环境适老化设计策略研究[J]. 建筑与文化, 2021(7): 125-126.

[20] 中华人民共和国住房和城乡建设部. 无障碍设计规范: GB 50763—2012[S]. 北京: 中国建筑工业出版社, 2012.

结　语

我国的养老产业从20世纪90年代开始探索，千禧年之后缓慢发展，近十年开始高速发展，虽然在规划建设方面取得了很多成就，打造了大量优秀项目，但从整个养老体系上来看仍然处于探索阶段。正如一位开发养老项目的先行者所说：做住宅是小学生，做商业是中学生，做综合体是大学生，做养老是研究生！

未来的养老社区环境设计不仅要关注景观的功能性、美观性、互动性，还要考虑成本的管控，为未来的运营留下余地，形成可不断更新、不断造血的可持续景观体系。规划、建筑、景观体系要与养老社区项目相关的运营模式相结合，针对不同运营模式的社区、机构、其他养老设施等提出对策和建议，使之形成一个有生命力的良性闭环，并具有相当的普世价值。

在这里，我们也对养老社区未来的运营模式提出几点想法，供读者探讨：

1.在项目前期开发研判中，开发商、政府相关部门与设计师应共同针对项目运营模式等重要问题进行规划，形成完善的闭环解决方案；在中期建设实施过程中，建设单位可根据实际情况进行调整；项目落地之后，设计师和开发商还可以参与其中，为社区运营的全过程提供咨询服务，以支持社区不断更新，增加社区的活力。

2.社区运营可将老年人纳入管理流程的重要一环，建立老年人互帮互助机制、协会机制，利用老年社区委员会或物业委员会的平台组织一些有益活动，帮助老人更好地利用丰富多样的养老空间。

3.可以动员社区的志愿者和儿童多参与老年社区的活动，为老人提供更多的陪伴和帮护，以减轻老人的孤独感，为其增加晚年生活的乐趣。

4.对于一些非营利性的养老社区，在规划、实施、运营的过程中可以结合国家政策向相关部门申请相应津贴和相关政策的落实，以保证运营的可持续性。

5.在规划选址阶段不能一味追求世外桃源般的环境而远离城市区域，应该充分考虑老年人看病以及享受周边配套的需求与权利，成熟的地段配套可以为老年人的生活提供很多便利。

6.规划之初要考虑运营维护的可持续性，切忌一味贪多求大。大量快速的开发，往往会导致水土不服、项目搁浅。建议分期分步实施，不断优化养老社区产品的成熟度，形成可拓展的弹性预留，以满足不同时代不同年龄老人的需求。

如此，投资、策划、规划、建筑、景观、运营才能形成良性闭环，通过对项目细节的不断完善，持续提升服务品质，从中积累有益经验，方能形成一个有生命力的养老社区。

如今，对养老社区建设的探索在国内方兴未艾，随着入住老年人数量的不断增多，未来将收到更多的反馈意见，暴露出更多的不足，这也有助于业内总结优秀经验、明确建设标准。在这里，我们希望本书的出版可以为未来的养老社区景观设计起到开阔思路的作用，为各类老年社区的环境更新提供有益借鉴，期望我国养老产业未来能有更完善的体系，获得长足发展。

图书在版编目（CIP）数据

养老社区环境景观设计 / 深圳文科园林股份有限公司编著. -- 北京：中国林业出版社，2022.1

ISBN 978-7-5219-1457-3

Ⅰ.①养.... Ⅱ.①深... Ⅲ.①养老－社区－景观设计－研究－中国 Ⅳ.①TU984.12

中国版本图书馆CIP数据核字(2021)第255641号

主　　编：路　洋

执行主编：高育慧

副 主 编：鄢春梅　黄煦原　陈小兵

编　　委：（按姓氏拼音排序）

陈国基　陈　虹　陈　庆　董丽丽　杜　鹏　段治锋　范丽君　何太伟　贺苏丹　胡　婷

胡子沐　黄慧玲　李文凤　李晓花　林瑞君　林维顺　欧慧劲　邱文燕　宋欣燚　孙　潜

韦菁华　姚桂枝　叶琼辉

责任编辑：李　顺　马吉萍

出版咨询：(010)83143569

出 版：中国林业出版社（100009 北京市西城区刘海胡同7号）

网 站：http://www.forestry.gov.cn/lycb.html

印 刷：河北京平诚乾印刷有限公司

发 行：中国林业出版社

电 话：（010）83143500

版 次：2022年1月第1版

印 次：2022年1月第1次

开 本：787mm×1092mm 1/16

印 张：9

字 数：200千字

定 价：128.00元